绿色发展通识丛书
GENERAL BOOKS OF GREEN DEVELOPMENT

世界在我们手中
可持续发展状况环球之旅

［法］马克·吉罗　［法］西尔万·德拉韦尔涅／著

刘雯雯／译

中国文联出版社
http://www.clapnet.cn

图书在版编目（CIP）数据

世界在我们手中：可持续发展状况环球之旅 / (法)
马克·吉罗, (法) 西尔万·德拉韦尔涅著；刘雯雯译
. -- 北京：中国文联出版社, 2020.11（2021.12重印）
（绿色发展通识丛书）
ISBN 978-7-5190-3631-7

Ⅰ.①世… Ⅱ.①马… ②西… ③刘… Ⅲ.①可持续
性发展－研究－世界 Ⅳ.①X22

中国版本图书馆CIP数据核字(2020)第246137号

著作权合同登记号：图字01-2017-5146

Originally published in France as :
Le monde entre nos mains by Sylvain Delavergne & Marc Giraud
© AFNOR Editions, 2015
Current Chinese language translation rights arranged through Divas International, Paris ／ 巴
黎迪法国际版权代理

世界在我们手中：可持续发展状况环球之旅
SHIJIE ZAI WOMEN SHOUZHONG : KE CHIXU FAZHAN ZHUANGKUANG HUANQIU ZHI LU

作　　者：[法] 马克·吉罗　　[法] 西尔万·德拉韦尔涅			
译　　者：刘雯雯			
		终 审 人：朱　庆	
责任编辑：冯　巍		复 审 人：闫　翔	
责任译校：黄黎娜		责任校对：李　英	
封面设计：谭　锴		责任印制：陈　晨	

出版发行：中国文联出版社
地　　址：北京市朝阳区农展馆南里10号，100125
电　　话：010-85923076（咨询）85923092（编务）85923020（邮购）
传　　真：010-85923000（总编室），010-85923020（发行部）
网　　址：http://www.clapnet.cn　　　　http://www.claplus.cn
E-mail：clap@clapnet.cn　　　　　　　fengwei@clapnet.cn

印　　刷：中煤（北京）印务有限公司
装　　订：中煤（北京）印务有限公司
本书如有破损、缺页、装订错误，请与本社联系调换

开　　本：720×1010		1/16	
字　　数：242千字		印　张：26.5	
版　　次：2020年11月第1版		印　次：2021年12月第2次印刷	
书　　号：ISBN 978-7-5190-3631-7			
定　　价：98.00元			

"绿色发展通识丛书"总序一

洛朗·法比尤斯

　　1862年，维克多·雨果写道："如果自然是天意，那么社会则是人为。"这不仅仅是一句简单的箴言，更是一声有力的号召，警醒所有政治家和公民，面对地球家园和子孙后代，他们能享有的权利，以及必须履行的义务。自然提供物质财富，社会则提供社会、道德和经济财富。前者应由后者来捍卫。

　　我有幸担任巴黎气候大会（COP21）的主席。大会于2015年12月落幕，并达成了一项协定，而中国的批准使这项协议变得更加有力。我们应为此祝贺，并心怀希望，因为地球的未来很大程度上受到中国的影响。对环境的关心跨越了各个学科，关乎生活的各个领域，并超越了差异。这是一种价值观，更是一种意识，需要将之唤醒、进行培养并加以维系。

　　四十年来（或者说第一次石油危机以来），法国出现、形成并发展了自己的环境思想。今天，公民的生态意识越来越强。众多环境组织和优秀作品推动了改变的进程，并促使创新的公共政策得到落实。法国愿成为环保之路的先行者。

　　2016年"中法环境月"之际，法国驻华大使馆采取了一系列措施，推动环境类书籍的出版。使馆为年轻译者组织环境主题翻译培训之后，又制作了一本书目手册，收录了法国思想界最具代表性的 33 本书籍，以供译成中文。

中国立即做出了响应。得益于中国文联出版社的积极参与，"绿色发展通识丛书"将在中国出版。丛书汇集了 33 本非虚构类作品，代表了法国对生态和环境的分析和思考。

让我们翻译、阅读并倾听这些记者、科学家、学者、政治家、哲学家和相关专家：因为他们有话要说。正因如此，我要感谢中国文联出版社，使他们的声音得以在中国传播。

中法两国受到同样信念的鼓舞，将为我们的未来尽一切努力。我衷心呼吁，继续深化这一合作，保卫我们共同的家园。

如果你心怀他人，那么这一信念将不可撼动。地球是一份馈赠和宝藏，她从不理应属于我们，她需要我们去珍惜、去与远友近邻分享、去向子孙后代传承。

2017 年 7 月 5 日

（作者为法国著名政治家，现任法国宪法委员会主席、原巴黎气候变化大会主席，曾任法国政府总理、法国国民议会议长、法国社会党第一书记、法国经济财政和工业部部长、法国外交部部长）

"绿色发展通识丛书"总序二

万钢

习近平总书记在中共十九大上明确提出，建设生态文明是中华民族永续发展的千年大计。必须树立和践行绿水青山就是金山银山的理念坚持节约资源和保护环境的基本国策，像对待生命一样对待生态环境。我们要建设的现代化是人与自然和谐共生的现代化，既要创造更多物质财富和精神财富以满足人民日益增长的美好生活需要，也要提供更多优质生态产品以满足人民日益增长的优美生态环境需要。近年来，我国生态文明建设成效显著，绿色发展理念在神州大地不断深入人心，建设美丽中国已经成为13亿中国人的热切期盼和共同行动。

创新是引领发展的第一动力，科技创新为生态文明和美丽中国建设提供了重要支撑。多年来，经过科技界和广大科技工作者的不懈努力，我国资源环境领域的科技创新取得了长足进步，以科技手段为解决国家发展面临的瓶颈制约和人民群众关切的实际问题作出了重要贡献。太阳能光伏、风电、新能源汽车等产业的技术和规模位居世界前列，大气、水、土壤污染的治理能力和水平也有了明显提高。生态环保领域科学普及的深度和广度不断拓展，有力推动了全社会加快形成绿色、可持续的生产方式和消费模式。

推动绿色发展是构建人类命运共同体的重要内容。近年来，中国积极引导应对气候变化国际合作，得到了国际社会的广泛认同，成为全球生态文明建设的重要参与者、贡献者和引领者。这套"绿色发展通识丛书"的出版，得益于中法两国相关部门的大力支持和推动。第一辑出版的33种图书，包括法国科学家、政治家、哲学家关于生态环境的思考。后续还将陆续出版由中国的专家学者编写的生态环保、可持续发展等方面图书。特别要出版一批面向中国青少年的绘本类生态环保图书，把绿色发展的理念深深植根于广大青少年的教育之中，让"人与自然和谐共生"成为中华民族思想文化传承的重要内容。

科学技术的发展深刻地改变了人类对自然的认识，即使在科技创新迅猛发展的今天，我们仍然要思考和回答历史上先贤们曾经提出的人与自然关系问题。正在孕育兴起的新一轮科技革命和产业变革将为认识人类自身和探求自然奥秘提供新的手段和工具，如何更好地让人与自然和谐共生，我们将依靠科学技术的力量去寻找更多新的答案。

2017 年 10 月 25 日

（作者为十二届全国政协副主席，致公党中央主席，科学技术部部长，中国科学技术协会主席）

"绿色发展通识丛书"总序三

铁凝

这套由中国文联出版社策划的"绿色发展通识丛书",从法国数十家出版机构引进版权并翻译成中文出版,内容包括记者、科学家、学者、政治家、哲学家和各领域的专家关于生态环境的独到思考。丛书内涵丰富亦有规模,是文联出版人践行社会责任,倡导绿色发展,推介国际环境治理先进经验,提升国人环保意识的一次有益实践。首批出版的33种图书得到了法国驻华大使馆、中国文学艺术基金会和社会各界的支持。诸位译者在共同理念的感召下辛勤工作,使中译本得以顺利面世。

中华民族"天人合一"的传统理念、人与自然和谐相处的当代追求,是我们尊重自然、顺应自然、保护自然的思想基础。在今天,"绿色发展"已经成为中国国家战略的"五大发展理念"之一。中国国家主席习近平关于"绿水青山就是金山银山"等一系列论述,关于人与自然构成"生命共同体"的思想,深刻阐释了建设生态文明是关系人民福祉、关系民族未来、造福子孙后代的大计。"绿色发展通识丛书"既表达了作者们对生态环境的分析和思考,也呼应了"绿水青山就是金山银山"的绿色发展理念。我相信,这一系列图书的出版对呼唤全民生态文明意识,推动绿色发展方式和生活方式具有十分积极的意义。

20 世纪美国自然文学作家亨利·贝斯顿曾说："支撑人类生活的那些诸如尊严、美丽及诗意的古老价值就是出自大自然的灵感。它们产生于自然世界的神秘与美丽。"长期以来，为了让天更蓝、山更绿、水更清、环境更优美，为了自然和人类这互为依存的生命共同体更加健康、更加富有尊严，中国一大批文艺家发挥社会公众人物的影响力、感召力，积极投身生态文明公益事业，以自身行动引领公众善待大自然和珍爱环境的生活方式。藉此"绿色发展通识丛书"出版之际，期待我们的作家、艺术家进一步积极投身多种形式的生态文明公益活动，自觉推动全社会形成绿色发展方式和生活方式，推动"绿色发展"理念成为"地球村"的共同实践，为保护我们共同的家园做出贡献。

中华文化源远流长，世界文明同理连枝，文明因交流而多彩，文明因互鉴而丰富。在"绿色发展通识丛书"出版之际，更希望文联出版人进一步参与中法文化交流和国际文化交流与传播，扩展出版人的视野，围绕破解包括气候变化在内的人类共同难题，把中华文化中具有当代价值和世界意义的思想资源发掘出来，传播出去，为构建人类文明共同体、推进人类文明的发展进步做出应有的贡献。

珍重地球家园，机智而有效地扼制环境危机的脚步，是人类社会的共同事业。如果地球家园真正的美来自一种持续感，一种深层的生态感，一个自然有序的世界，一种整体共生的优雅，就让我们以此共勉。

2017 年 8 月 24 日

（作者为中国文学艺术界联合会主席、中国作家协会主席）

此次环球旅行重构了我的内在认知。我认识了很多人，了解了很多企业，此次经历深刻地改变了我的世界观。我希望，尽我所能地行动起来。我要把途中相遇之人所做之事继续下去。目前，我在波尔多市工作，在"达尔文生态系统"街区（écosystème Darwin）中的"团结的守门人"公司（la Conciergerie Solidaire）负责协调就业和融入，我希望能够为这项事业添砖加瓦。

——马克·吉罗（Marc Giraud）

我曾在摩洛哥志愿参加一项法国政府主持的经济信息智能化研究项目。后来我决定探寻可持续发展的解决方案，和朋友们一起出发，解构及重建这个世界。这些方案让未来充满希望、给人们带来工作机会且生态环保。此后，我一直在英国继续此项事业。

——西尔万·德拉韦尔涅（Sylvain Delavergne）

献给我的妻子，

我的父母，

我的姐姐，

我的侄女：

勒马克（Remac）

和我的两位旅途中的同伴。

——马克·吉罗

献给沙托鲁人，献给里昂人，献给墨西哥城人，

献给拉罗歇尔人，献给卡萨布兰卡人，献给布莱顿

人和其他所有人。

献给创造希望的人和所有永不放弃、相信希望的人。

——西尔万·德拉韦尔涅

你，前进着，世上本没有路，路是走出来的。

——安冬尼奥·马查多（Antonio Machado）

要建造、建造、建造、建造互助网络，

组织起来，做好准备，当灾难突然来临时，

应该已然拥有解决方案。

——米歇尔·博旺（Michel Bauwens）

目录

·

·

2

城市规划、居住环境、能源、循环经济和协作消费

·

·

3

责任金融、小微企业和公平贸易

4

公民社会与公民运动

序一

流浪的人

我们都熟悉诗人杜·贝莱[1]一首诗的首句："幸福之人如奥德修斯，乃长途游历之人。"[2]这位诗人曾在罗马游历，在罗马帝国的遗迹前深感震撼。他想到自己就要离开罗马回到家乡安茹[3]而心生感伤。在文艺复兴鼎盛时期，杜·贝莱创作了诗集《悔恨集》（*Les Regrets*）。在这一时期，人们追根溯源，经过"漫长而伟大的历程"，发现了古代希腊、罗马遗留下来的伟大作品。这个大发现激起了人

---

[1] 杜·贝莱（Joachim Du Bellay，1522—1560），文艺复兴时期法国诗人，七星诗社重要成员。其著作包括拉丁语诗歌和讽刺诗文，主要诗集有《罗马怀古》和《悔恨集》。

[2] Heureux qui, comme Ulysse, a fait un beau voyage 为这首诗歌的题目，同时也是这首诗的首句。奥德修斯（Ulysse）（希腊语为 δυσσε，转写为 Odysseus）也作"尤利西斯"（拉丁语为 Ulixes，转写为 Ulysses），是希腊西部伊萨卡岛之王、拉厄耳忒斯之子、阿尔克修斯之孙、刻法罗斯曾孙、狄奥尼索斯玄孙、埃俄罗斯五世孙，曾经参加特洛伊战争。

[3] 安茹省（Anjou）是法国西北部古地区名，位于今法国西部卢瓦尔河下游，大致对应于现在的曼恩－卢瓦尔省（Maine-et-Loire），罗马帝国时期曾被纳入罗马帝国版图。

们对古希腊、古罗马文化的热切追求，诞生了早期的"人道主义"和产生"人道主义"的必要条件：一场长途旅行，遇见意外，遇见不同。有朝一日归来，即可充满智慧地生活。

杜·贝莱之后三个世纪，一位年轻人登上皇家海军军舰"小猎犬号"①，踏上了未知的旅途。这就是查尔斯·达尔文②。那个时代的很多年轻人都梦想着能像亚历山大·冯·洪堡③一样，开启一场漫长而遥远的旅程。人们了解到自然的多样和文化的广阔，于是，扬着帆、划着桨、行着路、骑着马、漂泊着，踏上新的征程。查尔

---

① "小猎犬号"（HMS Beagle），或译为"贝格尔号"，Beagle 就是知名的米格鲁猎兔犬。这是一艘属于英国皇家海军的双桅横帆船，于 1820 年 5 月 11 日下水启航。第二次出航时，查尔斯·达尔文登上此舰担任随船博物学家。

② 查尔斯·达尔文（Charles Darwin，1809—1882），英国生物学家，进化论的奠基人。他曾经乘坐"小猎犬号"舰做了历时 5 年的环球航行，对动植物和地质结构等进行了大量的观察和采集。他还出版了《物种起源》，提出生物进化论学说，从而摧毁了各种唯心的神造论以及物种不变论。

③ 亚历山大·冯·洪堡（Alexander von Humboldt，1769—1859），德国科学家，与李特尔同为近代地理学的主要创建人。

斯·达尔文、拉塞尔·华莱士①、托马斯·赫胥黎②、约翰·胡克③等人，为主要科学学科的形成奠定了基础，比如生态学、气候学、生物地理学、进化论、人类学等。当然，我们也不会忘记那些著名的法国探险家，比如查尔斯·玛丽·德·拉孔达明（Charles Marie de la Condamie）、让-弗朗索瓦·德拉彼鲁兹（Jean-François de la Pérouse），他们在达尔文所著的《一位博物学家的环球之旅》（*Voyage d'un naturaliste autour du monde*）一书中被提及。19世纪上半叶，随着各种探索的进行和各类重大成果的发现，西方文化的扩张活动随之而来。那时，达尔文已经就这一扩张活动给自然和文化多样性可能带来的后果提出了

---

① 阿尔弗雷德·拉塞尔·华莱士（Alfred Russel Wallace，1823—1913），英国博物学者、探险家、地理学家、人类学家、生物学家。以"天择"独立构想演化论闻名。

② 托马斯·亨利·赫胥黎（Thomas Henry Huxley，1825—1895），英国生物学家。因捍卫查尔斯·达尔文的进化论而有"达尔文的斗牛犬"（Darwin's Bulldog）之称。

③ 约翰·胡克（John Hooker，别名 John Vowell，1527—1601），是英国历史学家、作家、律师、古董研究学家。

疑问。①

好感慨啊！我们究竟对自然和文化的多样性做了什么？几十年来，藐视科学的人，认为无须担忧生态、气候和人口变化的人，他们都忽略了一个最基本的事实：没有人不喜欢自欺欺人。所以，19世纪末就出现了两种完全对立的、不可调和的观点。一部分人坚定地相信他们所持的"进化"观点是先进的，他们认为，其他民族如同所有物种都是由一部被西方社会主导的世界历史所塑造的。然而，另一部分人如埃德加·莫兰（Edgar Morin）认为，人类社会的进化应基于"多样性中的多样性"，一方面，就是列维－斯特劳斯（Lévi-Strauss）所说的"资产阶级人道主义"；另一方面，则是一种更加丰富的人道主义思想，包含了全世界人类的经验和进步，列维－斯特劳斯将其称为一部"人类新的历史"。后者认为，应当基于人种学以及古人类学观点，探讨人类的发展和演进。西方文化并不是完全错误的，但也不是完全正确的，尤其一些流传颇广的观点认为西方仅靠自己就能解

① 帕斯卡尔·匹克（Pascal Picq）:《从达尔文到列维－斯特劳斯——人类和危机中的多样性》（ *De Darwin à Lévi-Strauss-l'homme et la diversité en danger* ），奥迪勒·雅各布出版社（Odile Jacob），2013年。

决一切因其自身的"过度"发展而造成的问题，这简直太荒谬了。秉持着这样观点的人，肯定未曾长途游历。

在过去的二十年中，很多旅行家向我们展示了途中见闻，拿出了强有力的证据，证明地球上正在发生着的灾难，然而矛盾的是，人类用精美的书籍和精彩的电影来讲述的这前所未有、发展迅猛的大灾难，其罪魁祸首就是——人类。如今，证明灾难存在的取证阶段已经结束，这些证据在过去很难得到承认，现在仍有很多人坚决予以矢口否认，因为这些证据似乎与这些人所坚信的进步观点并不相容。正如爱因斯坦所说的："我们不可能在产生一个问题的体系中解决此问题。"他们观点中的错误逻辑是这样的：他们坚定地认为西方世界是进步的唯一推动者，因此，理所当然地认为只有西方社会才能解决这些问题。这可大错特错了！因为就像本书所言，解决问题的方法措施来源于全世界人民的共同努力，尤其是那些文化和环境最受影响的群体。

本书的作者们进行了一次漫长的旅行，见证了这些正在发生的变化。他们并没有像达尔文那样出发走向未知地区。如今的世界，正如米歇尔·塞尔①所言："网络将世界微缩在我们的掌心，我们只需要'轻轻点击一下'就能进行环球旅行。"然而，我们也不能因此就不去旅行、不去遇见。不到两个世纪，世界发生了翻天覆地的变化。达尔文在旅途中发现了南半球的自然和文化的多样性，并把这一多样性向世人展示出来。这样一来，我们就知道了人类是由共同的祖先进化而来，我们拥有共同的历史，共同经历了漫长的演变。如今，这三位年轻人到达了那些由于人类的各种扩张活动而遭到破坏的地区，他们意识到：只有通过许多人，甚至是全世界的人们，一起携起手来、团结一致，才能寻求到真正的、具有创造性的解决方法。这是在为了我们这个世界的未来而行动。

达尔文并不喜欢"进化"这一表达，因为"进化"一词已经被太过强调进步和最终结果的各种理论所曲解。正因为达尔文知道人类子孙后代的发展要依赖于多样性，所以他使用了"发生了改变的"后代这一表达方式。这三位年轻人就是当今达尔文观点的追随者，他们在旅途中发现了世界各地人们的创造力，这些人为了子孙后代

---

① 米歇尔·塞尔（Michel Serres），法国哲学家，历史学家。1990年当选为法国科学院院士。

在不懈努力。在这样的背景下，新的人道主义观念出现了，人们在人类历史上首次团结在一起。泰亚尔·德·夏尔丹[1]关于"人类圈"（noosphère）的宏大梦想，是一个为了全人类共同福祉的梦想，这并不是天方夜谭。只要不再自认为人类是"自然的主人和所有者"，终止人类对地球的破坏，这一梦想终将实现。现在，我们有机会让真正的、具有创造性的变革发生，而这一变革和其他变革一样，都是从细微的变化开始，这正是本书所要详细讲述的内容。现在，我们已经拥有了所有的必备条件，是时候行动起来了。

帕斯卡尔·皮克

法兰西学院古人类学家

---

[1] 泰亚尔·德·夏尔丹（Teilhard de Chardin，1881—1955），法国哲学家、神学家、古生物学家。

序二

希望的守卫者

在我所到过并生活过的每个地方，都有那样一小群人，他们拥有自己的感知，通过自己微弱的力量积极努力着。我坚信他们的行动能够改变世界。正如人类学家玛格丽特·米德[①]所说的，历史上各种巨大的变革都以这样的形式发生。

马克、雷米和西尔万三位年轻人给了我们最好的证明。他们拒绝随波逐流，没有听天由命，而是抱着分享的精神，通过本书告诉我们：哪里有问题哪里就会产生解决问题的方法。

这三位爱冒险的年轻人，在一年的时间里，跨越了四大洲，到访了17个国家，拜访了65位变革的积极推动者。在这里，我要和这三位年轻人一起，向全世界爱好旅游及热衷创新的人们发出邀请，希望你们在积极行动起来，共同勾勒未来世界的美好蓝图。

[①] 玛格丽特·米德（Margaret Mead，1901—1978），美国人类学家，是美国现代人类学形成过程中的重要学者。

通过"世界在我们手中"计划，这三位年轻人提出的观点是：努力创造条件，创建一个新型的、具有积极影响的社会模式，在这一社会模式中，少数人所提出的进步思想将会变成我们每个人的机遇。在我看来，这非常可贵。

这本书以及这三位年轻人创建的纪实网站 WiFU，充分体现了"发现并分享"的理念。

除了这场寻求可持续发展解决方案的环球旅行，我还要提到另外一位伟大的旅行家、土地研究专家提奥多·莫诺先生①。他曾说："乌托邦并不是没有机会实现，它只是在过去没有实现而已。"

我希望我们当中的每一个人，以人类共同繁荣为目标，保护、尊重自然，并由此出发，建设我们的社会。祝大家在这条路上越走越远！

尼古拉·于洛（Nicolas Hulot）

尼古拉·于洛——人与自然基金会主席

---

① 提奥多·莫诺（Théodore Monod），1902 年生于法国鲁昂，2000 年故于凡尔赛。法国伟大的科学博物学家、探险家、学者和人道主义者。他是法国沙漠研究专家，20 世纪伟大的撒哈拉沙漠研究学者之一。

计划的缘起

2009 年 9 月，我和西尔万，还有雷米坐在拉罗歇尔（La Rochelle）商校的长椅上。谁能料到，我们三人将搭着嘟嘟车①，坐着汽车，骑着大象，乘着火车、飞机和人力三轮车，划着独木舟，一起跨越几百万公里？谁能料到，我会在秘鲁遭受一次突如其来的痢疾猛瘦 20 斤？谁能料到，我们会在塞内加尔大草原，和几位非洲颇尔族游牧者一起，把一头山羊大卸八块？谁能料到，就是在这里我们会成为环球之旅的队友？可以确定，当时谁也没能预料到这些。

然而，35 个月以后，我们一起出发，开始了环球之旅。我们走过了四大洲、17 个国家，历时一年。我们遇到了许多致力于创新与变革的人们，他们在各自的领域里努力改变着世界，既追求理想又脚踏实地。是的，我们历经了金融危机、经济危机、社会危机、生态危机，

---

① 嘟嘟车（tuktuk）：泰国普遍使用的三轮车，通常做出租车用。

还有价值观危机。但是，就像这些奔向未来的人们一样，我们拒绝听天由命，袖手旁观。着眼长期的解决方法一定存在，他们就在寻找这些解决方法，而且真的找到了。我们要去拜访他们。

这是一幅有关希望的拼图，一块块拼板就汇集在这本书中、汇集在我们放到网上的纪录片中。

我们是谁？

雷米·西劳科斯基（Rémi Sierakowski），法国阿尔萨斯人，拥有很强的动手能力和适应能力，热衷生态农业。

雷米体内蕴含的是可再生能源，他永远充满活力。大学最后一个学年，我俩在同一个学习小组，一起同甘共苦。他平时看上去迷迷糊糊，但在看纪录片《全球障碍本地解决方案》（*Solutions locales pour désordre global*）[1] 预映的时候却格外清醒。我看到他主动积极地教秘鲁人使用可再生能源，例如，太阳能淋浴、绿色生态教学示范农场等。在这次环球旅行中，他发挥的主要作用是：凡事勇往直前和

---

[1] 该纪录片的导演为柯琳娜·塞罗（Coline Serreau），2010年上映。

极其实用主义。

——西尔万

西尔万·德拉韦尔涅，法国沙托鲁人，环保主义者，热衷国际时事。

我们很快就形影不离。西尔万热衷旅行，喜欢追踪国际时事，非常有修养。他曾在厄瓜多尔参加非政府组织，也曾在摩洛哥参与企业国际志愿服务。他思想开放、适应力强，热衷于可再生能源、社会和团结经济以及经济信息智能化。他真正的优势是：总有好点子。

——马克

马克·吉罗，巴黎人，方案创立者，本书的阅读指导。

马克是 WiFU 方案的发起者，也可以说是组织的管理者。他思考大方向，努力让方案更切合实际。他还负责召集和组织团队。他的乐观非常有感染力，而且性格坚毅。从目前的环境来看，我们的梦想似乎有些过于理想化，就这点来说，他的这些性格特点绝对大有好处。他的信念发挥了重要作用！对于环球计划的实现，马克还有两个不可或缺的好品质：好奇心和包容度。

——雷米

橄榄树瀑布（Ouzoud）下的一夜顿悟

在拉罗歇尔，我们从社会及环境的角度，研究了很多具体相关案例。这种新的操作方法和理解方式，与我们过去接受的教育完全不同。毕业以后，我们进入职场。来自阿尔萨斯的雷米，在一家法国跨国公司的水资源部门做环境质量项目的负责人。来自卡斯戴尔卢桑的西尔万，参加了卡萨布兰卡的企业国际志愿服务，负责两项任务：经济信息智能化和污水排放与处理。我（马克）离开巴黎，来到巴斯克地区的一家家装企业的可持续发展部门。

当年在学校时，我们三人就趣味相投，毕业后也从未间断彼此之间的交流。2011 年 8 月，我们在摩洛哥再次相聚。为了去见西尔万，我们背着包在路上走了十天。后来证明这次背包游对环球旅行计划起了决定性作用。一天晚上，我们坐在一起，欣赏着橄榄树瀑布的水流，在星空下聊了很久。一方面，我们各自都有工作，都还有父母，这让我们保持头脑冷静；但另一方面，我们十分向往开启新的生活，担心太过匆忙地进入传统的人生轨道：拿到长期劳动合同—结婚—贷款—买房—生娃。我们想创业，因为我们实在不能继续忍受环境危机、社会危机和金融危机带来的悲观氛围。但是，面对各种危机，我们不敢轻举妄动。

我们再次谈起《改变世界的 80 人》(*80 hommes pour changer le monde*)[1]，这本书带给我们很大的启发。此书的两位年轻作者早在十年前就开始了长途旅行，去寻找那些给人们带来希望、让人们和谐共处、生态环保的解决办法。但在此期间，欧洲遭遇了危机。随着危机的爆发，无数希望灰飞烟灭，不平等的鸿沟在加深，生态环保理念被弃之高阁，如果你只看媒体的片面报道，就会对整体形势做出这样的分析。而另一些人则有不同看法，他们认为，人们曾幻想社会经济会永续增长，尽管支撑经济增长的能源几近耗竭，当下的危机就是基于这一幻想的整体社会模式的危机。但是这次危机其实是重振经济

---

[1] 该书的作者西尔万·达尼尔（Sylvain Darnil）和马修·勒乎（Mathieu Le Roux），让－克劳德·拉特斯出版社（Jean-Claude Lattès），2005 年。

的绝好机会，社会各方面可借此"时机"重新调整。我们认为很有必要把这些主要由民众发起的创新之举公之于世，给世界重添希望。那么我们何不充当一次记者，记录下这些为新社会的诞生提供的积极解决方案呢？

我们三人都看了班克·罗伊（Bunker Roy）① 的 TED② 演讲视频。这位印度企业家在大约 40 年前创建了国际"赤脚大学"，这是一所非同寻常的学校，它位于印度农村，面向农村地区日均收入不到 1 美元的贫困人口。班克·罗伊受到甘地的影响，认为解决农村用水、用电、教育和医疗问题的方法就在农村，在农村人口拥有的传统知识和他们应该掌握的现代科技之中。班克·罗伊说："谁说你不会读书写字就不能成为建筑师、太阳能工程师、话务员或者牙医？赤脚大学最初由 12 名不识字的建筑工人创建，他们的报酬只有每平方米 1.5 美元。"学校通过一种巧妙的教学方法，把一些老年妇女培训成为太阳能工程师，她们

---

① 参见http://www.ted.com/talks/bunker_roy?language=fr#t-119772。

② TED会议（technology, entertainment, design的英语缩写，即技术、娱乐、设计）是由非营利组织种子基金会（The Sapling Foundation）举办的一系列国际会议，其宗旨是传播"值得传播的创意"。

来自非洲、南美洲和亚洲，大多都是文盲。她们可以"带着光明"回到自己的村庄，成为当地的明星。赤脚大学已经为64个国家培训了太阳能工程师。这些太阳能工程师让全世界1160个偏远乡村用上了电。通过她们的努力，有45万人从此在黑夜里拥有了光明。我们三人都为这位印度人和他的赤脚大学赞叹不已。赞叹之余，我们更加相信：在全世界进行创新研究、寻找可持续发展道路的国家中，还有数十个和班克·罗伊一样的人。为什么不去认识他们并把他们的解决方案介绍给大众呢？正如甘地所说："亲身示范不是说服的最好方式，而是唯一方式。"

是不是布满星斗的夜空和橄榄树瀑布的宁静让我们的乐观情绪相互传染？在2011年8月的这个夜晚，我们三人一致决定去寻找那些努力应对21世纪的的挑战，努力创造未来的人们。他们是务实的理想主义者，对他们而言，经济是解决问题的方式，而环境和社会是解决问题的条件。他们不讲大道理，他们在默默地以实际行动创新和改变世界。

项目构建

未来世界创意计划（WiFU）项目的名字源自我父亲的一个想法，他是一名记者，热爱文学。WiFU是

Worldw'Ideas for the FUture 的缩写，意思是世界各地为未来世界发展所设计的方案。我们实地探访的这些可持续发展的解决方案涉及产品、服务和生产，都是由一些充满理想的实干家付诸实践。我们坚持去探访不同类型的参与者，不仅有企业，还有非政府组织、协会、社团、基金会、政治家和哲学家。总之，我们力图理解他们正在构建的这一生态系统，并坚信他们的努力终将汇聚力量，共同建成一个更加平等和可持续发展的世界。

在出发前的 6 个月时间里，我们收集了 300 多个全球可持续发展方案，比如国际"赤脚大学"。我们通过不同的方式筛选这些方案：我们上学时研究过的实践案例、统计社会和环境创新的网站、可持续发展领域的专业报刊、我们各自的人脉资源，以及我们在国外对此感兴趣的朋友——他们可以代我们去实地考察。我们根据以下 7 个标准对这些可持续发展方案进行挑选：

1. 社会和环境影响：这一方案可以解决什么社会和 / 或环境问题？

2. 创新性：这一方案是否真的跳出了原有框架？

3. 长久性：从经济角度看，这一方案能否维持？

4. 社会影响规模：多少人可以从这一方案中获益？

5. 可复制性：这一方案能否复制到别的地区和国家？

6. 使我们产生向往的程度（这一略显主观的标准对我们而言非常重要）：企业家或者其设计的方案能不能让我们心生向往？

7. 当地非政府组织的认定：我们尽可能地向当地的非政府组织了解这些方案在当地是否合理合法及其社会影响。

在挑选出来的300个可持续发展方案中，我们实地走访了四大洲、17个国家，写成了65篇报道。根据出版需要，我们选出最切题的47篇收录在本书中，这并不代表其他的方案不好。尽管挑选标准明确、挑选过程认真仔细，但因为只有我们三个人参与，难免带有一些主观性。事实上，我们平均每天要写五篇报道，在这种节奏下，又怎能确保写出了我们所走访的每个组织对社会和环境产生的全部影响？当然，面对一些"看上去很美"的创意，我们保持十二分的警惕。

关于这一点有一个很好的案例，那就是2014年9月球王贝利亲自参与揭幕的一个足球场，它位于里约热内卢的一个贫民区里。这是世界上第一个通过球员运动来为球场照明设施发电的足球场。球场的草坪下面安装了 200 个储能板，用来收集球员运动产生的动能并将其转换成电能储存起来，储能板 80% 的生产材料是回收材料。根据法新社的报道，这些收集的能量可以完全满足球场夜间的照明。然而，尽管这个项目建设时得到了贫民区居民的支持，但在球场揭幕后就被弃用了。因为球员们负担不起场地使用费，不得不到别的街区去踢球。的确，这个项目是环境科技的创新，但是它的社会影响却值得商榷，所以我们把它归为"看上去很美"的创意之列。

同样，我们也没有选择那些"漂绿"的企业①：从总体上来看，这些企业的行为与可持续发展的理念完全背道而驰。在这些企业发表的言论中，我们经常听到有关可持续发展的字眼，但是他们这么做的目的，仅仅是为了帮助自己在公众面前树立正面的企业形象，以争取到股东、消费者以及公众舆论的支持。所以，我们特别留

---

① 漂绿（greenwash）是由"绿色"（green，象征环保）和"漂白"（whitewash）合成的一个新词，被用来说明一家公司、政府或是组织以某些行为或行动宣示自身对环境保护的付出，但实际上却是反其道而行之。环保人士经常用"漂绿"来形容长久以来一直是最大污染者的能源公司。

意这些企业所发表的有关环保的言论以及它们所应当承担的企业社会责任（communication green／RSE[①]），与他们在当地产生的实际行为之间的落差。然而，我们又应该怎样确定，某个企业经营者没有故意把我们的注意力引向那些他们实施的较好的计划，而有意不对我们隐瞒其他？其实，关于这一点，我们很清楚，这就好像是"记者—被采访者"之间的游戏规则。但是，我们也能够认可这样的现象，因为这与我们开展这项计划所秉持的理念相吻合：我们希望这些总体而言具有积极性和创新性的计划能够得到重视，而非仅仅揭露那些可能存在的负面细节。

我们所进行的调查主要分为三个阶段。第一阶段是准备工作阶段。在出发前，我们主要通过网络及相关专业报刊中提供的信息，研究可持续解决方案。第二阶段在进行报道的当地展开。在这个阶段中，我们同一些企业家、他们的合作者，还有可持续解决方案的受益者会面，采访他们并录像。我们并不是专业记者，也不是接

---

① RSE（responsabilité sociétale des entreprise，企业社会责任）是一种道德或意识形态理论，主要讨论政府、股份有限公司、机构及个人是否有责任对社会做出贡献。

受过专门培训的摄像师，但是在进行过这些采访后，我们掌握了很多采访技巧。比如，我们学会了如何让受访对象信任我们，让被采访者发自内心地就我们提出的问题给出更多的回答。同时，我们也逐渐学会了如何操作录音和摄像设备，从而实现视频采访。终于，我们进入了最后一个阶段，那就是回到法国后，审核我们所完成的采访的有效性。在这个过程中，我们主要通过电子邮件和在线即时通讯软件 Skype 交流，再次确认某些细节，澄清模棱两可之处。

出发之前，我们在联系采访对象时，遇到了很多合作者。我们向一些私营企业和公共部门寻求了帮助，前者如法国的办公桌椅生产商搜考公司（Sokoa）、摩洛哥国际保险公司（Cofacemaroc）、纽曼特电子邮箱和在线文件服务公司（Newmanity）、凯科欧冰场管理公司（Kokoa）、施沃通信公司（Shiva Communication），后者如欧洲青年行动计划（Le Programme Européen Jeunesse En Action）、埃松省总理事会（Le Conseil Général de l'Essonne）。此外，我们还向众募基金会（Crowdfunding，一家在线资金募集参与机构）寻求了帮助。我们优先选定了一些经营规模较小的企业，目的是保证我们的采访以及我们所写文字的独立性。资金筹集工作是最为艰巨的任务，在经济危机时期尤为艰难。有一件事情是可以确定的：当我们得到第一位合作者的信任后，其他的合作者也就随之而来。最终，我们总共募集到 6 万欧元，其中 4.5 万欧元用于我们三个人整整一年的活动经费（交通食宿），另外的 1.5 万欧元用于购买视频拍摄设备，以及和来自 FrapaDoc 影音制作公司的朋友们及剪辑师戈斯帕·德奥尔纳诺（Gaspart D'Ornano）先生一起进行网络纪录片的后期制作。我们把以前工作中赚得的积蓄也全部投进了这个项目，占总经费的 40%，其余的资金都由我们的合作者们提供。

对于我们三个年轻人来说，口袋里装着 4.5 万欧元大钞踏上旅途，是很危险的，必须严格控制日常开销。但幸运的是，雷米向来节俭，在我们花销超支的时候，他总会提醒我们要注意节省。为了和方案的理念保持一致，也为了保证开销不超出预算，我们主要选择在当地借用交通工具，这种方式最能入乡随俗，我们也能借此机会同当地居民进行广泛的交流。这样的选择果真没让我们感到遗憾。当然，为了亲眼见证安第斯山脉地区山谷的面貌，并且能够有机会与当地的土著印第安人进行直接交流，我们在秘鲁通往安第斯山脉地区的大巴车上度过了漫长的时光。我们不会忘记在长达 8 小时的车程中，一位印第安农民一直盯着我们看的那种好奇的眼神；更不会忘记，在傍晚时分的车厢里，来自加利福尼亚的说唱歌手带来的轻松愉悦的氛围。住宿方面，我们在旅行中获得了世界各地许多家青年旅舍和小型酒店的VIP会员卡，另有四分之一的夜晚是在交通工具上度过的。我们这样做的目的无非是为了节省一晚的住宿费用，而且能让我们有更加充裕的时间游览和开展工作。我们在旅途中遇到的小型流动餐点和一些价格便宜的餐厅，则能帮我们更好地领略当地的美食文化（从老挝的昆虫到秘鲁的豚鼠）。偶尔这些食物对于我们的免疫系统也是一种挑战。虽然，在漫长旅行中的每一天，我们都会遇到各种各样的意外状况，但所需完成的日常工作还是并然有序地进行着。据说，塞内加尔的游牧牧民每到达一个新的放牧地点，最先做的事情就是为他们的牲畜寻找水源和牧场，然后才会去做别的事情。而我们就像这些游牧牧民一样，每到达一个新的地方，我们都会习惯性地先完成一些生活日常。比如找一间价格合理的酒店，放下我们的背包，然后再出去寻找一家餐厅。我们最享受的时刻就是在街头闲逛，遇见形形色色的当地居民。在这场长途旅行刚开始的时候，我们几乎离不开导游的指引，渐渐地，我们开始能够自己做出决定，我们能够通过查看地图和旅游攻略自行解决问题，不再依赖导游的帮助。

　　对于旅游目的地国家的选择并不是一件十分容易的事情。在出发之前，我们将60多个国家都纳入了我们的备选清单。直到最后，总数被我们减少到了17个。我们主要根据四个主要标准来进行选择：有关这些国家的报道的数量和质量；其地理位置与我们整体的旅游线路是否相符；当地生活成本的高低；这些国家在我们整体系列报道中是否具有代表性。我们的报道不论是在发达国家还是在发展中国家都进行得非常顺利。这些国家的命运息息相关，面临的问题各不相同。发展中国家首先要满足当地人民的生活需要，例如需要优先解决粮食、水源、卫生、教育和医疗方面的问题，同时还需要考虑将其碳足迹①限定在一定的范围内。借用法国导演菲利普·博雷尔（Philippe Borrel）②的话来说，就是发达

---

　　① 碳足迹,（Carbon Footprint）是指企业机构、活动、产品或个人通过交通运输、食品生产和消费以及各类生产过程等引起的温室气体排放的集合。

　　② 菲利普·博雷尔（Philippe Borrel），法国导演、编剧、摄影师，主要作品有《伊拉克兵起无名》（*Not in Our Name!*，2006）。

国家现在处于"减速的紧迫性"①中。这些国家应该在保持本国居民原有生活水平的同时，努力减少他们对全球环境的整体影响。最终，我们在欧洲完成了20篇报道，在美洲完成了19篇，在亚洲完成了16篇，在非洲完成了5篇。

这次环球旅行的准备工作共花了10个月的时间。在决定放下手头工作、全身心投入这项计划之前，我通过远程的方式同雷米、西尔万进行沟通，那时，他们都有各自的职业。每周，身处不同城市（巴黎、卡萨布兰卡②、米卢斯③）的我们都会在Skype上在线交流。这使我们的计划得以顺利推进。每两个月，我们会碰面一次，商讨重要问题。在距离出发还有两个月的时候，雷米和西尔万都辞去了工作，完全投入到准备工作中，但这项任务依然十分艰巨。2012年7月底，我们都获得了签证，

---

① 《紧急减速》（*L'urgence de ralentir*），是菲利普·博雷尔导演的电影，参见 http://www.arte.tv/guide/fr/048763000/l-urgece-de-ralentir。

② 卡萨布兰卡（Casablanca）：今称"达尔贝达"（Dar el Beida），位于摩洛哥西部大西洋沿岸，是摩洛哥历史名城。

③ 米卢斯（Mulhouse）：法国东部城市，近德国边界，是上莱茵省最大的城市。

接种了各种必要的疫苗精神饱满。就这样，我们在弗朗索瓦·密特朗（François Mitterrand）国家图书馆对面的塞纳河岸边，和亲人朋友们挥手告别，踏上旅途。8 月 8日，我们乘坐"欧洲之星"（Eurostar）[①] 高速列车到达伦敦，这是我们环球旅行的第一站，这段旅行在本书以及我们的纪实网站中都有记载。

让我们一起走向未来世界

未来世界创意计划项目（WiFU）的首要目的是在可持续发展方面完成对公众的宣传和教育，通过"榜样的力量"，让公众广泛接受这一理念并采取实际行动。该项目的使命是普及可持续发展的观念并树立公众对它的认识，本书和在线纪录片既面向那些已经投身于可持续发展的人群，同时也面向对此感兴趣的新人。无论是大众、企业、非政府组织、公共机构、媒体、学生还是未来的

① 欧洲之星（Eurostar）是指在连接英国伦敦圣潘克拉斯车站（2007 年 11 月 14 日后改为此站）与法国巴黎（北站）、里尔以及比利时布鲁塞尔（南站）的高速铁路上运行的列车。

企业家，都能通过我们的分享了解可持续发展。

　　本书及在线纪录片都是由年轻人完成的，其受众也主要是年轻人。我们是第一代比父母过得更差的年轻人。对于可持续发展的教育应该从年轻一代做起。年轻的一代将会面临越来越多的问题。年轻人也认识到他们应该为建设更加生态和人道的社会而做出努力。要应对可持续发展这一世界性难题，仅仅依靠政策管理、金融工具和技术手段是不够的。没有年轻一代的投入，可持续发展的目标是无法完成的，这也是为什么本书和在线纪录片主要为年轻人设计。年轻人是未来消费的主力军，他们的消费方式将会决定企业的商业模式。他们同时也是未来的企业家，通过他们的经营，他们可以创造出农业、工业、商业、贸易等方面的新模式。他们是未来的意见领袖和政治家，他们可以影响未来的政策走向，使其服务于社会的根本利益。他们是未来的父母，他们教育孩子的方式对"地球母亲"和人类的后代将会产生决定性的影响。

　　本书不是以时间为序，而是根据主题编排。您有多种阅读方式可以选择。您可按照章节顺序阅读，这样就能对以下四个领域有更深入的了解。您也可以根据自己的兴趣选择某一篇报道深入阅读。无论您选择哪种阅读方式，我们都建议您点击我们的在线纪录片互动网站，免费浏览相关视频报道。我们的网站通过教学和互动的方式，让您亲眼领略全球各地的可持续发展方案。每当您正确回答问题，您就可以解锁下一个视频，到达下一个目的地。作为本书的补充，在线纪录片通过25个视频报道展现了四大洲、12个国家的可持续发展方案。它能让您更真切地认识和了解书中所述。在线纪录片由马克与FrapaDoc影音制作公司的戈斯帕·德奥尔纳诺共同完成，截至2015年7月，已经有超过5万人次在线点播。本片参与了2014年"网络绿色电影节"（Green Up Festival）和2014年"国际环境电影节"（Festival international du film sur l'environnement）。在"国际环境电影节"期间，本片在巴黎"电影人影院"（Cinéma des Cinéastes）进行了放映。

以下是本书四个章节的内容概述，也是您即将探索的四个领域：

第一章，自然资源、农业和生物多样性。在本章中，您将探索生物科技、拥有合法播种权的有机种子、可食用藻类、公共保护海域、通过太阳能修复的珊瑚、生态农业创新和生态旅游。

第二章，城市规划、居住环境、能源、循环经济和协作消费。在本章中，您将深入探索能源创新，了解用垃圾做原材料的工厂、以绿色环保理念设计的住宅及住宅区、在可持续发展规划中走在前列的城市。同时，您还会了解供邻居们交换私家车的社交网络，以及坚持只买本国本地产品的人们，他们的行为对促进当地经济的发展有积极作用。

第三章，责任金融、微型企业和公平贸易。在本章中，您将遇见一位用互联网有效消除贫穷的企业家、一家股东们放弃股息的风险投资公司、一些由垃圾分拣员转变而来的企业管理者和以公平贸易方式生产的咖啡和荷花。

第四章，公民社会和公民运动。在本章中，您会遇到一些成为太阳能工程师的奶奶们、印度厕所的设计者、一家富有病人资助贫穷病人的医院以及一家通过自主管理、让老年妇女重获尊严的养老院。

祝您在通往未来世界的大道上一路顺风！

21 世纪的巨大挑战

我们在制订本项目时分别只有 24 岁、25 岁和 26 岁，对我们来说，为人父还只是一个相当遥远的概念。尽管如此，我们已经在思考要留给后代一个怎样的世界，已经在为他们将面临的众多挑战而感到担忧。请读者们放心，本书的宗旨并不是列举一系列的问题，而是提出解决方案。

我们要将一个充满了触目惊心的不平等现象的世界留给下一代吗？目前，全球四分之一的人口处于极度贫困状态，即每天的收入低于1.25美元的全球贫困线标准[①]。与此同时，"世界上1%的人口掌握了近50%的财富。而全球最为贫困的一半人口所拥有的财富总量仅相当于世界前85位富豪的财富值"[②]。我们应该采取什么样的具体措施让那些极度贫困的人口在我们的社会中找到立足之地呢？

我们要将一个背负着沉重的生态债务的世界留给下一代吗？当前，人类消耗的自然资源、排放的垃圾废料总量相当于1.3个地球。然而，地球只有一个。如果全世界人民均以美国人的方式生活，那么人类将需要6个地球；若均以欧洲人的方式生活，则需要3个地球。非政

[①] 数据来源：http://www.inegalites.fr/spip.php?article381。

[②] 数据来源：http://www.oxfamfrance.org/sites/default/files/file_attachments/rapport_oxfam_inegalites_extremes.pdf。

府组织"全球足迹网络"(Global Footprint Network)发布了一份自然资源资产负债表,将人类对自然资源和自然环境所提供的服务的需求情况与地球提供这些自然资源和服务的能力做了比对。该组织称,2014年8月20日,"人类消耗的自然资源量已达到该年度地球生态预算值"。1993年自然资源消耗量超过年度地球生态预算值的日期为10月21日,2003年则为9月22日。[1] 我们可以清楚地看到这一变化:自然资源消耗量超过年度地球生态预算的日期逐年提前。那么,人类有何办法来抵消自己对生态环境所造成的影响呢?

我们要把一个平均每4秒钟便有1人死于饥饿的世界留给后代吗?地球母亲有能力养活全球所有人口,然而,由于粮食浪费严重——全球30%的粮食作物在从田间到餐桌的过程中遭受损失或被浪费[2]——以及分配不均

---

① 参见http://www.footprintnetwork.org/fr/index.php/GFN/page/earth_overshoot_day/。

② 数据来源:http://www.bdm.insee.fr/bdm2/affichageSeries.action?recherche=idbank&idbank=000455743。

（根据联合国于 2011 年至 2013 年间的分析数据显示 ①），
"全球八分之一的人口遭受长期饥饿的困扰，他们没有足
够的食物过上积极健康的生活"。我们该采取何种措施来
解决全人类的粮食问题呢？

　　未来世界中，人们会为了争夺最后一滴石油而自相
残杀吗？廉价石油的时代已经一去不复返了，近25年中，
每桶石油的价格翻了 5 倍②。第二次工业革命是以廉价石
油为动力发展起来的，可以说，正是依靠廉价石油，我
们才能建立起物质不断丰富的现代社会。但是，我们找
到了哪些可靠的石油替代能源呢？

　　未来世界中，城市生活质量会越来越差吗？目前，
全球超过一半的人口生活在城市中。③根据美国市场研究
机构 Navigant Research 发布的研究数据显示，到 2050 年，

---

　　① 数据来源：http://leplus.nouvelobs.com/contribution/219220-comment-pourra-t-on-nourrir-9-milliards-d-etres-humains-en-2050.html; http://lexpansion.lexpress.fr/actualite-economique/la-planete-peut-elle-nourrir-tout-le-monde_1368728.html; http://www.lefigaro.fr/sciences/2011/12/16/01008-20111216ARTFIG00572-la-terre-pourra-t-elle-nourrir-tous-ses-habitants-en-2050.php。

　　② 数据来源：http://www.fao.org/docrep/018/i3458f/i3458f.pdf.

　　③ 数据来源：http://donnees.banquemondiale.org/indicateur/SP.URB.TOTL.IN.ZS/countries/1W?display=graph。

全球城市居民所占全球人口的比重将达到75%。面对能源、城市化、环境、交通运输以及安全方面的巨大挑战，我们该如何重现过去城市中宜人的生活环境呢，该如何让城市走上可持续发展之路呢？

随着全球人口数量的增长，寻找应对之策变得越发紧迫。1960年世界人口总量约为30亿人，而2014年已达72亿人，也就是说，仅仅54年间，世界人口总量增长了近60%。据联合国预计，到2050年，世界人口总量将达到96亿。到时世界人口数量又增长了近三分之一，我们该怎样应对这些挑战？

已实现工业化的发达国家与新兴的发展中国家处在同一个地球，共用同样的自然资源，在同样的全球化经济形势中发展壮大，因此面临着同样严峻的挑战。

1

自然资源、农业和生物多样性

打击毁林、农业生态和人民自治

特里斯唐·勒孔特（Trsitant Lecomte）
纯净计划（Pur Projet）创始人
泰国，清迈地区

泰国，纯净计划

西尔万

碳市场既解决问题也引发问题，它释放了热情。①

——奥古斯丁·弗拉尼耶（Augustin Fragnière）

洛桑大学（University of Lausanne）土地政策及人类环境

学院教师、研究员

纯净计划的创始人特里斯唐·勒孔特，一上来就对我们
解释说："96% 的毁林都源于农业，不是造纸或木材需求导致

---

① 艾丽丝·瓦利耶尔格（Alice Valiergue）《新市场的出现——自愿
碳补偿案例分析》（*L'émergence d'un nouveau marché，le cas de la
compensation carbone volontaire*），法国巴黎政治研究学院，2013 年。
参 见 http://blogs.sciences-po.fr/recherche-news/files/2015/02/memoire-
master-alice-valiergue-marche-carbonne.pdf

森林的砍伐，而是农业。"为此，他投身到农业生态转型的事业中。他的方法就是把巴西、秘鲁、加纳、泰国等地的农民转变成种树人。为了能够采访这位 WiFU 计划的赞助者，我们到泰国和缅甸边境去拜访了他。

特里斯唐在 2010 年被《时代》杂志评为世界上最有影响的 100 位人物之一，他乐观、简单、极具感染力。在蜿蜒曲折的小路上，特里斯唐开着小摩托车，带我们穿过柚树林、穿过葱绿的山岭，深入真实的泰国。我们在一个小镇上停下来，参加了一个当地的植树造林会议。在寺庙的一间旁屋里，一位僧人、一位负责纯净计划组织协调的泰国人和几位农民围坐在一张桌子边，热情地欢迎我们加入。会议开始了，我们用英语、泰语、法语讨论着，周围响着蜂鸟的叫声。

从公平贸易到植树造林

1990 年末，特里斯唐从巴黎高等商学院毕业，当时他没有从事公平贸易，而是在欧莱雅公司短暂工作了一段时间。后来，为了"让工作有意义"，他决定投身于公平贸易这一新兴模式。他和几位朋友一起开了一家小店，专卖生活必需品。

在度过了比较艰难的初期阶段之后，他的团队决定把公平贸易的产品贴上特有的标签推广到大型超市，巧克力、大米、咖啡和果汁等公平贸易产品相继出现在像 Monoprix、Cora 和 Coop Alsace 等大型连锁超市的货架上。十三年后，他的公司 Alter Eco 已经成为公平贸易产品进口及销售的领军者，占据了近 15% 的市场份额，营业额高达 1700 多万欧元。更棒的是，这家年轻的企业养活了南半球 40 个生产绿色产品的小生产者合作社，这些合作社拥有 1 ~ 1.5 公顷土地不等。特里斯唐的公司把他们的产品分销到欧洲及北美洲的 25 个国家。

2008 年，特里斯唐决定带领企业走上自愿碳补偿①的道路。当然，除了在自己的企业中加入碳补偿，他还联合了与他一起工作的合作社。就这样，在秘鲁，与 Acopagro 可可合作社携手发起了植树造林，捕获二氧化碳②，售卖碳信用额。Alter Eco 的企业官方主页对其原则做出这样的解释："原理很简单，每棵种下的树会自然地吸收碳，然后生产方以其种下的树木所

---

① 自愿碳补偿原则，具体来说，是由一个组织测量因其行为排放的温室效应气体数量，在积极减少温室效应气体排放后，资助一个减少此类气体排放的项目。其原则是：一个地区排放的碳气体的既定数量能够被另一个地区同样数量的碳气体的减少或者限制所补偿。

② 全球63%的二氧化碳排放来自90家跨国公司。2013年《气候变化》（Climatic Change）杂志发表的一项研究显示，90家跨国公司几乎独揽了从1751年到2010年间甲烷及二氧化物累积排放量的2/3。这项研究表明，这些大型企业自1986年以来排放的污染性气体占这一排放量的1/2。这些企业中有50家是股份制企业，比如雪佛龙能源公司、埃克森石油公司、BP石油公司、荷兰皇家壳牌石油公司；31家是国有企业，比如俄罗斯天然气工业公司、挪威国家石油公司；其他的由政府主导的企业——中国、朝鲜以及波兰——主要生产煤。参见 http://link.srpinger.com/article/10.1007/s10584-013-0986-y/fulltext.html。

能捕获的二氧化碳量为依据，卖出二氧化碳（可排放）信用额。"这项计划还包括在小生产者的可可田中种植当地的树木（檽如树、桃花心木等）。这样，不仅这些小生产者多了一项新的收入来源，还能促进生物多样性，有利于土壤再生。

2005 年《京都议定书》[①]的批准推动了自愿碳补偿，但创新不能仅停留于自愿碳补偿的原则。在 21 世纪最初的十年里，特里斯唐不是唯一愿意通过种树来抵消企业碳足迹的老板。但是，唯有他一直在思考建立一个让碳补偿原则更符合当地实际的模式。那些大型集团即二氧化碳的主要排放者，游走在《京都议定书》的灰色地带，经常盲目补偿；特里斯唐反其道而行之，他采取切实行动。他在秘鲁分公司内部实施了一种短期补偿形式。这种理念逐渐散播开来，吸引了其他企业家。有些企业家认识到，企业活动的持久性依赖于对休戚与共的生态系统的保护。特里斯唐把这种补偿形式称为"内嵌式"（insetting）。

特里斯唐多次拜访发展中国家的农民，坦言从中受益良多。可以说，他最先见证了森林破坏和气候变化给小生产者经营造成的毁坏和严重后果。2008 年，他为传播理念创建了一个组织：纯净计划。他和几个朋友一起，动员并帮助大型

---

①《京都议定书》是一份国际协议，由联合国推行，旨在减少温室效应气体的排放，184 个国家为签约国（译者按：目前《京都议定书》签约国为 182 个，美国、加拿大已相继推出）。

企业的可持续发展部门投资生态系统的保护，这一投入反过来有助于企业发展。逐渐地，特里斯唐从 Alter Eco 中退出，并从 2010 年起完全投身于他的这一新项目中。

农业造林，"修缮地球"的好方法

我们向纯净计划农业造林实验室——纯净农场继续出发。农场位于清迈东北 30 公里处。特里斯唐·勒孔特和他的泰国妻子带着孩子们把家安顿在这个安静的港湾里，头顶是碧蓝的天空，四周是绿油油的稻田。稻田里，他和几位雇来的农民一起试验，把豆科植物和当地的树木混种在一起——"为了土壤再生，那边，我们把香蕉、咖啡和森林里的树混种在一起；这边，把豆子和森林里的树混种在一起；在那下面，有两公顷的稻田。"从传统农业到绿色农业，加上 SRI 系统（水稻强化栽培及水稻无水栽培），特里斯唐借助纯净计划在全球范围内推广的森林项目，在很多地方脚踏实地试验了多种森林的可再生方法。自此之后，凡是纯净计划落地之处树林再次生长。不仅如此，土壤也变得肥沃了！在特里斯唐后续推行的方案里，没有一个方案不包含农业造林。以皮埃尔·哈比[1]和福冈正信[2]两位

---

[1] 皮埃尔·哈比（Pierre Rabhi），法国评论家、农业生态学家，"绿洲运动"创立者。

[2] 福冈正信（Masanobu Fukuoka），日本农民、哲学家，因实践自然农法而被广泛认可。

前辈为榜样，特里斯唐决心将此作为毕生事业。

泰国东北部的土地因只种水稻而变得异常贫瘠，这里是试验农业造林的理想之所。特里斯唐说："有个令人难以置信的悖论。泰国是全球大米第一出口国，但出产大米的主要地区也是泰国最贫穷的地区。那出口这么多大米的目的是什么呢？"他还提到所谓的传统农业给社会和经济带来的影响："整个伊桑高原的树林被毁坏导致的后果是土地干旱、地下水位升高，这又导致土壤盐碱化和粮食收成量低，继而导致农民们使用更多的化学肥料和杀虫剂，债台高筑。有时，负债让他们失去土地，造成农村人口外流和诸如卖淫等社会问题。泰国90%的卖淫者均来自伊桑的农村地区。"为了终止这一恶性循环，特里斯唐提出一个简单持久的解决方案——种树。"树有多种益处，树可以帮助人们预测气候变化带来的影响，树是不可替代的自然肥料。如今，我们意识到我们过多地用化学制剂和人工方法推动农业'过度'发展，其实就相当于把战争中的化学武器应用在了农业上。"[1]特里斯唐回忆说，美国部队喷洒

---

[1] 这里是指在东南亚使用的橙剂。20世纪60年代，在越南战争期间，美国空军向越南、柬埔寨、老挝南半部地区喷洒有毒化学制剂，其中的一种即除草剂——橙剂，由孟山都（Monsanto）和陶氏化学（Dow Chemicials）公司生产。橙剂中含有一种极有害的物质二噁英，给当地造成持久的恶劣影响。战争结束后很多年，当地人仍遭受癌症、新生儿畸形等折磨。

在老挝及越南人民身上以及庄稼和森林上的毒性极大的橙色制剂，就是一种浓度很高的除草剂。讽刺的是，历史上"毒剂"的生产商在60年后，把当年用来"消除杂草"的制剂装满了东南亚国家的农业用品货架。

泰国农业的传统观念与这些实践完全相反。像特里斯唐说的，自20世纪70年代以来，泰国国王推行粮食生产自给自足的经济模式。国王认为："不能做经济上的老虎或者巨龙，而应该在地方层面上保护经济平衡"，即所谓"社会免疫"。这种传统根植于小乘佛教——东南亚传播最广的佛教形式中，国王是其最高代表。这一传统长久以来吸引着特里斯唐，他对小乘佛教非常虔诚。因为这个佛教流派不强调神的强大，而更强调通过自然发现自我。树木的"剃度仪式"就完美地体现了对自然深深的尊重。①

经济模式与自愿碳补偿的限制

一些企业为补偿其经济活动释放的二氧化碳而积极参与

---

① 佛教的僧侣们经常会为他们希望保护的树木举行"剃度仪式"，他们用橘黄色的布料包围树木，这些布料像僧侣们身上穿着的布料一样，这就意味着这些树木们皈依了佛教。一旦被用橘黄色布料包围，树木就被这种神圣的仪式保护。因此，人们常说，砍伐一棵树木就相当于砍杀一个僧侣。参见 http://www.facebook.com/vidéo/vidéo.php?v=10150300671243143。

到自然保护与植树造林中，其中不乏一些著名企业，比如法国雅高酒店集团（Accor）、法国伟图水业集团（Vittel）、法国自然与探索户外用品零售商（Nature & Découvertes）以及瑞士哈尔巴巧克力生产商（Halba）。哈尔巴为补偿自己释放的温室效应气体，依据生态农业理念，出资支持其秘鲁可可提供商的植树造林计划。哈尔巴保证长期为可可种植提供良好的条件，承诺其整个价值链条都做到生态环保。

这些大企业是不是想以此转移公众的注意力呢？它们是否只想花钱买个心安理得，而实际生产环节则依然如故呢？特里斯唐心里清楚："企业参与的目的不尽相同，但是这又有什么不好呢？"作为新生代社会型企业家的代表，他的话既体现出人道主义色彩，又体现出强烈的现实主义色彩。也许有人会觉得他说话前后矛盾甚至有些观点互相抵触，但特里斯唐非常坚定地认为，"不要假装天真，必须全面肯定企业的参与，这样才会有更多企业愿意付出更多的努力"。

那么，现实究竟如何？自愿碳补偿市场真的有助于植树造林吗？真的能够为农民提供持续的收入来源吗？真的能让人们和谐管理树林吗？纯净计划的经济模式部分基于自愿碳

图 1.1　泰国北部稻田中的农民

补偿运行机制：REDD+[1]。具体地说，树木通过光合作用吸收二氧化碳，种植者通过种树就相当于减少了二氧化碳的排放，以此方式获得可排放二氧化碳的等量信用额。但是，REDD+导致了一些问题，让人始料未及，比如一些企业虚报项目、一些官僚机构把碳补偿当作了一项重要的收入来源。特里斯

---

[1] REDD+ 是减少毁林与森林退化减排，以及森林保护、可持续管理、增加森林碳库的缩写（la réduction des émissions issues de la déforestation et de la dégradation forestière）。在 2009 年哥本哈根气候变化大会取得的不多的成果中，减少毁林这一机制的原则被广泛接受，人们宣布投入 35 亿美元公共资金来启动这一机制。缩略词 REDD+ 表示发展中国家通过减少砍伐森林和减缓森林退化而降低温室气体排放。这个机制的主要目的是通过经济手段补偿那些通过减少毁林与森林退化达到减排效果的国家。

唐认为，虽然这项计划"总体上被滥用了"，但是一旦能够得到正确的使用，对植树造林会有不可估量的益处。

纯净计划协会在全球已经种植了300多万棵树，为1.5亿棵树提供了保护。我们问特里斯唐有没有一个确定的目标，他微笑着说："目标就是种更多的树。协会成立时我们的目标是种的树要和旺加里·马塔伊 [1] 种的一样多，她种了4500万棵树。你看，路还长着呢……"

我们的报道引发了人们对协会"目的"的讨论。我们确实在现场看到了村庄之间的协作，也确实看到了农业造林给周围环境带来的改善。虽然如此，我们对这个解决方案仍保持谨慎的态度。碳市场和REDD+市场错综复杂，缺乏透明，这些都是目前市场的固有问题。同时还要考虑到获得碳补偿的企业要实行的那些"大计划"。所以，每个得到"补偿"的计划都应该就个案进行独立分析，不能一概而论。

---

[1] 旺加里·马塔伊（Wangari Maathai，1940—2011），2004年诺贝尔和平奖得主、肯尼亚生物学家、兽医解剖学教授，为环境保护与社会平等奋斗一生。她是非洲首位获得诺贝尔和平奖的女性，在可持续发展、民主、和平等领域做出了杰出贡献。

冉·戈普（Jean Goepp）
观辣树协会（Nébéday）创始人及会长
塞内加尔，达喀尔

塞内加尔，观辣树协会
马克

观辣树，拯救森林之树

有棵树在身边，你就永远不会死去。"长生不老"用沃洛夫语说，就是观辣树。

——冉·戈普

观辣树协会创始人冉·戈普在达喀尔梅尔莫兹圣心（Mermoz-Sacré-Coeur）街区的办公室接待了我们。他今年40岁，在塞内加尔生活了25年，眼角的鱼尾纹出卖了他的年龄。他14岁来到塞内加尔，在达喀尔的法国中学参加了高中会考。农学专业毕业后，他先是在法国发展协会（French Development Agency）工作，后来加入了环境保护协会"海洋群落"（Océanium），是科尔邦布海洋保护区项目落地的主要执行人之一。他是塞内加尔最有影响力的生态保护学家之一。冉·戈普从外表看是白人，但内心完全是黑人。他马上就要加入塞内加尔国籍。在达喀尔办公室的屋顶上，他用带着非洲口音的法语向我们讲述他的第二故乡、他的困惑、发展的解决办法和他的观辣树协会。

"有棵树在身旁，你就永远不会死去。"观辣树在沃洛夫语中是一种有魔力的树的名字，在它旁边的人不会死去。这是一种用途广泛的树种：耐干旱（树根很长，能从干旱的土壤中汲取水分），适应各类土壤，生长迅速，可用来制作优质的食品添加剂，可治疗 300 多种疾病。这也是冉·戈普给他创立的协会起的名字，在达喀尔和向南 250 公里的萨卢姆三角洲（Sine Saloum），我们拜访了协会的成员们。

与撒哈拉沙漠以南的其他非洲人一样，塞内加尔人对自然资源非常依赖。除了要对付干旱气候外（一年有 9 个月不下一点雨），他们还要面对人口及能源需求的持续增长。为了生火做饭，塞内加尔人毫无节制地消耗森林，导致森林面积日益减少。造成森林减少的问题异常棘手：一方面，老树被人砍来烧火；另一方面，新树被森林火灾烧毁，被羊群和牛群啃坏。冉·戈普说："种树的人很少，因为缺乏资源管理，造成了土壤流失，沙漠化问题严重。我们正在毁坏我们赖以生存的家园。在遥远的欧洲国家，环境好比可有可无的奢侈品；在这里，环境是生活的必需品。"

由当地人参与管理，也是为当地人管理的自然资源

冉·戈普说："有关规则制订及资源管理，与资源直接相关的各方都必须参与其中。"协会致力于萨卢姆三角洲圣加可（Sangoko）森林的保护。这片森林虽然遭到无序砍伐、森林火灾和畜群的啃食践踏，但相对来说还是得到了一定程度的保护。只可惜有些树种不能自然再生，只能面临灭绝。圣加可森林周边的居民从一开始就没有参与森林保护，这让森林的管理变得更加复杂。协会的目标是让保护森林为周边居民带来益处，并建立圣加可森林治理的参与方案。

为了鼓励当地居民参与保护资源，冉·戈普说："必须得让树活着比死了更有价值。森林能让相关各方在尊重环境的同时获得收入。"这样，森林的资源将更有价值。就这样，妇女们被分成小组，生产咖啡、面包树果肉、观辣树粉，养蜂、做秸秆煤。观辣树协会协助她们以合作社的形式组织起来。合作社从加工森林产品中获得收益，自然不会再滥砍滥伐。相邻村庄里设有护林员，他们骑着自行车在森林里巡逻，阻止非法伐木。我们遇见了邻村村长的儿子巴巴卡·盖耶（Babacar Gueye），他是一名护林员。他对我们说："很多人试图偷砍木柴。我会阻止他们，但不是通过暴力，而是说服感化。人们选我就是因为我正直。其他人有可能会为几个小钱而对滥砍滥伐视而不见。"

冉·戈普说："塞内加尔还有一些森林也是以联合协作的方式管理的，但是后续发展不尽如人意。"建立规则很重要，但是在推进过程中，能让人们持续遵守规则更加重要。他现在和政府、森林和水资源管理处以及当地居民一起，就圣加可森林的协同管理签署了地方性协议。除了圣加可，观辣树协会还与塞内加尔其他三座森林的周边居民一起开展森林保护工作。

秸秆煤，因地制宜的有效缓解方案

与萨赫勒①地区的其他森林一样，圣加可森林的死敌（除人类外）是秸秆。每年，秸秆燃烧导致的森林火灾有 2000 起，每年火灾焚毁的森林面积达 35 万公顷。居民们大量燃烧秸秆，秸秆是森林火灾的罪魁祸首。能不能让秸秆不毁坏森林，而是变成有用的燃料呢？

实现这一转变，就是马修·塞贝亚克（Mathieu Cebeillac）的梦想。虽然他早上发着 40 摄氏度的高烧，但他看起来精神不错。三天来他一直在治病，为避免第四次疟疾感染。现在是 7 月中旬，雨季来了。在这个季节，致病的蚊子繁殖得很快。马修，35 岁，法国人，多年来和当地人一起生活。他在

---

① 萨赫勒：阿拉伯语，意为"边缘"，是非洲北部撒哈拉沙漠和中部苏丹草原地区之间的一条长达 3800 公里的地带。

观辣树协会主要负责"绿色煤炭"项目。经过两年的试验，他终于制造出生态秸秆炭砖。

　　木材及木炭占塞内加尔家庭能源消耗的84%[①]，自20世纪60年代以来，塞内加尔的森林面积减少了42%。秸秆煤也许能成为真正的燃料替代品。观辣树协会的这种生态煤炭，比传统木炭便宜，燃烧较慢，符合塞内加尔人的烹饪习惯——他们煮饭通常连续煮好几个小时。我们骑着小摩托，跟马修从苏库塔村（Soucouta）来到圣加可森林周边村庄，拜访生态煤炭的相关各方。在班布迪夫（Babou diouf）村，在牲畜群中，拉萨纳和阿达马在收集秸秆。他们将秸秆堆积在金属桶里，点燃、盖上桶盖，这是在高温分解。他们会得到煤粉，接着加入黏土，混合物随后被压实，制作成炭砖。马修向我们解释说："秸秆煤炭从两方面拯救了森林：一是避免了森林火灾，二是替代了木材这一燃料，还能为当地农民创收。"观辣树协会将逐渐退出秸秆煤生产环节，同时按经济利益小组（Groupements d'intérêt économique，GIE）的形式成立专门的部门，全权负责秸秆煤的组织和管

---

　　① 在撒哈拉以南的非洲，10个人里就有8人烧木柴做饭和取暖。参见 http://www.undp.org/content/undp/fr/home/ourperspective/ourperspectivearticles/2011/12/29/sustainable-energie-access-critical-for-development-in-africa-helen-clark.html。

理：一组妇女收集秸秆，承担高温分解的任务；另一组负责炭砖压制和销售。这样，人人都能从保护森林中获取长久收益。现在，有 1800 多位妇女在这里工作，实现生产及销售生态煤炭 15 吨。

冉·戈普说："西非地区的妇女是可持续发展的引领者。"他认为，没有妈妈们的参与，塞内加尔发展不起来，她们不仅有组织而且非常团结。观辣树协会帮助她们建立团队架构、做专业化培训，并根据《阿里尼哈宪章》(La Charte)，在南南合作框架中与邻国马里和布基纳法索实现共同发展。

加入阿里尼哈宪章的每位妇女都可以得到一笔小额贷款，用以发展其他业务。作为交换，每人需要栽培三棵树，还需要参加一系列培训，培训主题包括妇女权利及环境保护。

冉·戈普继续说："我们教会妇女们管理资源：包括人力资源（知识）、财务资源（金钱）及自然资源（树木）。"作为非洲的社会支柱，她们的行为能影响当地人采取一种更加尊重环境的生活方式，包括植树造林、禁用塑料袋等。6000 名妇女参与了阿里尼哈项目计划。

将目标锁定妇女是正确的，但要遵守西非地区的社会规范。冉·戈普说："在去见妇女之前，我们必须先去见她们的丈夫。"无论要做什么，都必须先去征求村长和丈夫的意见。一旦他们认为对家庭、孩子、村庄有益，观辣树协会的行为就合理合法了。他说："我们处于一个离开规范就寸步难行的社会，这些规范多为传统规则而非法律规定。如果你不了解这些，在这里就什么也做不成。"

观辣树协会，一棵树，一个计划

田园计划"种植生活"由观辣树协会发起并推广，鼓励当地居民在租借的土地或者自家田里种植观辣树。除了种树者可借此乘凉之外，树叶煮熟了可做传统佳肴、晾干了可治疗营养不良（因为观辣树树叶的营养极其丰富），还可减少土地流失、阻止沙化、储存水分和碳元素。冉·戈普说："在这儿，最难的不是种树，而是如何让树存活，毕竟9个月没下一滴雨了。这是个长期的挑战，需要借助农业造林技术。"

1 欧元 = 650 非洲法郎 = 种 1 棵观辣树

观辣树协会呼吁个人捐款资助。协会再一次依靠妇女们开展项目。就这样，恩迪叶（N'Deye）这位已经有三个孩子的年轻妈妈拥有了一块土地，她把这块土地变成了苗圃。她买了种子，播种、浇水，然后把树苗种在一块带井的田里。她通过村合作社，把落叶、水果和种子卖掉赚钱。慢慢地，简单的手工作业变成了步骤明确的生产流程，产品质量得以保证。她和村里的妇女们还获得了质量认证，有了这个认证，她们就可以把产品卖给塞内加尔的超市。如今，

图 1.2　非洲颇尔族年轻女孩寻找干净的水
（塞内加尔，里夏尔托勒［Richard Tou］地区）

得益于这一项目，一共种下了 2 万棵观辣树，有 900 位妇女从中获益。

更多的独立性，更广泛的社会影响

冉·戈普和村民一样，希望协会能够经济独立，不再依赖基金会和非政府组织，因为它们提供的财政支持往往说断就断。他的目标是得到那些依赖自然资源并且能够从保护自然资源中获益的个人及私有企业的捐助。对于国际组织，比如世界银行对发展的帮助，他的观点非常明确："国际基金，往往以收益回报率和一纸报告判断项目质量好坏。不实地调查，怎么判断项目对社会和环境的影响呢？"他认为，大型基金应该多选取那些纯粹的人道主义项目，比如观辣树协会发展的这些项目，要实地调研，不能只通过报告和票据做决定。①

---

① WiFU计划一瞥：在塞内加尔的达喀尔到苏库塔的公路上乘坐了6小时的出租汽车之后，我们决定在布姆的小餐馆里吃晚饭。布姆在开餐馆之前，在一家附近的比利时旅馆担任主厨。在如此偏僻荒凉的地区，我们惊讶于竟然能品尝到蘸着白酥油汁、意大利香醋、赫雷斯白葡萄酒的当地特色鱼串和水煮土豆。这些菜的烹饪方法不同于塞内加尔的传统菜系，因为它们是由秸秆煤炭烧制而成。在烛光中，菜肴显得格外美味。随后，季风导致的狂风暴雨切断了整个村庄的电源。在这微妙的氛围中，两道闪电照亮了丛林，就在此时，布姆向我们讲述着土狼和伊斯兰教士的故事。这真是一个好地方！

022 　娜塔丽·格林尼（Nathalie Greene）
　　　　帕查玛玛基金会（la fondation Pachamama）
　　　　大自然权利项目协调员
　　　　厄瓜多尔，基多

厄瓜多尔，帕查玛玛基金会

西尔万

在厄瓜多尔，任何人都不能忽视大自然的权利

大自然，或称帕查玛玛（Pachamama），生命繁衍之地，其存在、生命周期的延续和再生、结构、功能及进化过程都拥有被完全尊重的权利。

——《厄瓜多尔宪法》第 72 条

拉丁美洲 800 个原住民种族中有 70 个正面临着消亡的危险。根据拉丁美洲和加勒比经济委员会（la Commission économique pour l'Amérique latine et les Caraïbes），当地原住民为保卫自然资源，多次和采矿企业发生冲突。单就 2010 年至 2013 年这段时期内，冲突就不少于 200 次。这个数字反映出政府无力对抗大型企业集团，让它们尊重国家对土地的控制权和保护自然资源，真是困难重重。

从这个角度来说，厄瓜多尔可谓付出了努力。作为石油输出国组织（OPEC）中最小的国家，一把达摩克利斯之剑始终悬挂在厄瓜多尔森林上空，威胁着当地原住民的家园及文化的延续。厄瓜多尔面临的两难困境是：要么国家不顾碳排放对环境的影响，同意转让土地，允许矿产开采和石油开发，追逐短期利益，让少数人发财致富，置人类自然遗产于不顾；要么直截了当地建立一个不依赖石油的社会模式。

有一段时间，厄瓜多尔选择了后者，但拉斐尔·科雷亚（Rafael Correa）总统在2013年调整了政策，转而宣布拍卖300万公顷亚马逊沿河森林的开发许可证。这一改变导致请愿、集会、游行在世界各地不断增加，其中帕查玛玛基金会发挥了首要作用。十五年来，只要自然受到破坏，只要原住民的权利受到损害，基金会就会提起诉讼。仅凭帕查玛玛基金会一己之力，成功呼吁，尊重自然与尊重人权被写入厄瓜多尔国家宪法，这在世界上还属首例。这是近来公众对抗大型采矿企业所取得的前所未有的胜利之一。然而，帕查玛玛基金会所取得的成绩成了政府的绊脚石，基金会面临解散的危险。

石油还是生命？

报道开始，我们采访了一位全身心扑到事业上的女性，她三十多岁，说话字斟句酌、用词严谨，她就是帕查玛玛基金会大自然权利项目的协调员娜塔丽·格林尼。她的经历、志向、成功与挫折，完整记录了基金会在厄瓜多尔的环保运动。

当时娜塔丽还在写有关当地妇女保护亚苏尼（Yasuni）国家公园土地的博士论文，便被国际著名项目亚苏尼 ITT（Yasuni ITT[①]）的技术负责人看中，邀请她加入并参与计算和评估向国际社会申请的补助金额，作为厄瓜多尔不开采亚马逊森林地下矿产和石油的补偿。申请金额最终确定为 36 亿美元。向西方各国提出这一要求基于这样一个理念：亚马逊森林不是厄瓜多尔的独有财产，而是世界财产。通过这项提议，科雷亚总统建议西方各国各自应承担起相应的责任，建议它们就过度碳排放给包括厄瓜多尔在内的世界各国带来的损害给予财政补偿。很快，捐款纷至沓来。在与气候变暖的斗争中，我们似乎找到了一条新路。

世界第一

帕查玛玛基金会的宗旨是：为原住民的权利得到承认和当地生态系统得到保护而努力。2007 年，厄瓜多尔就宪法举行全民公投，帕查玛玛聘请了娜塔丽代表环保主义者发声。该基金会提出了一项新提案：授予大自然权利，以更好地保

---

① ITT 是厄瓜多尔三个城市伊什平戈（Ishpingo）、坦博科查（Tambococha）、蒂普蒂尼（Tiputini）首字母的缩写。

护它。娜塔丽对我们说:"我们梦想着把这一权利写入宪法中,但当时我们根本没想过能够真正实现。"通过不断宣传和持续努力,基金会在政治上得到了"公民革命"代表人物,前厄瓜多尔国家能源部部长,现任制宪会议主席阿尔贝托·埃斯皮诺萨(Alberto Espinosa)的支持。基金会成员们最终实现了梦想。2008 年 9 月,厄瓜多尔进行全民公决,通过了一部认可大自然权利的宪法。这也是世界上第一部认可大自然权利的宪法。

新宪法中有关大自然权利的第 72 条规定:"大自然,或称帕查玛玛,生命繁衍之地,其存在、生命周期的延续和再生、结构、功能及进化过程都拥有被完全尊重的权利。"厄瓜多尔人通过这一形式承认了大自然自身的价值:大自然成为了权利主体,而不再是人类恣意索取的对象。这种观点与欧洲国家流行的大自然权利的观点不同,欧洲人认为大自然不属于它自己,而属于人类,要满足人类的实际需求。

在理论之外,这一条款给我们带来了哪些具体的影响呢? 娜塔丽说:"第一个成功的案例就是这项法令在比尔卡班巴(Vilcabamba)的实行。法官裁定地方政府触犯了法律,因为政府批准了扩建公路,破坏了河流生态。"法庭判决要求当地政府公开致歉并起草计划恢复河流生态。除此,还有其他保护鬣蜥、鲨鱼和亚马逊印第安原住民等案件胜诉。

社会新标准：美好生活

娜塔丽说："随着法律上胜诉的案例越来越多，人们开始认真地思考我们所推崇的发展模式了。"帕查玛玛基金会受到美洲印第安文化启发，创建了一个名为"美好生活"（buenvivir）的项目。他们在《厄瓜多尔宪法》中发现了这个说法，该国宪法明确规定，发展体系应服务于美好生活。美好生活的目标是"恢复和保护大自然，维持可持续的健康环境"（宪法第 276 条），并要求"个人、集体、人民和各民族有效行使各自的权利，在跨文化、尊重多样性以及与自然和谐共处的框架内进行活动"（宪法第 275 条）。

在这些理论观念背后，娜塔丽对我们肯定地说，"一场声势浩大的运动正在世界范围内展开"。2010 年，作为捍卫大自然权利的代表性国家，厄瓜多尔组织了一场以大自然权利和美好生活为主题的国际会议，聚集了各国相关组织和个人参加。

幻灭和报道后解散

2013 年 8 月，科雷亚总统坦言，不得不做出其任期内最艰难的决定之一，即调整战略政策，以让国民富裕起来。亚苏尼国家公园的 ITT 项目仅获得了预期捐款的 3%，总统指责国际社会不团结，并以此失败为借口重回任期初期政策。他还嘲讽自然权利，尽管厄瓜多尔的宪法就建立在此理论之上。

2013 年 7 月，帕查玛玛基金会毅然提起诉讼，揭露这场灾难。不到四个月，政府相继禁止了基金会的所有活动，要求基金会尽快彻底解散。2013 年 12 月 4 日，十六年来，这个非政府组织的大门第一次紧闭不开，成员被迫离职。政府的目的究竟是什么？厄瓜多尔政府竟然拿有罪推定这一原则当令箭，控告基金会的某些合作伙伴在油井协商中粗暴对待外国要人。然而，帕查玛玛基金会的成员总是以和平方式开展活动。其实政府这样定罪只是随便找个借口来彻底封上帕查玛玛的"嘴"。

非政府组织大团结的时刻到了，大赦国际（Amnesty International）和人权观察组织（Human Rights Watch）联合其他非政府组织，呼吁重新建立帕查玛玛基金会，但至今未能实现。娜塔丽和她的伙伴们以结社自由的名义不断斗争，向美洲人权法院上诉，希望得到公正审判，但这个过程可能要持续十年。

不管怎么说，帕查玛玛基金会并非独自在战斗。其他捍卫原住民权利的组织也陆续站出来，反对国家没收部分土地。这些组织开始收集签名，收集 60 万个签名（占厄瓜多尔选民数量的 5%），可以就下面这个问题发起公民投票："您同意厄瓜多尔政府无限期地持有伊什平戈、坦博科查、蒂普蒂尼三个地区地下的原油吗？"这个问题表述得非常简洁！

卡米尔·伯努瓦（Camille Benoist）
可再生能源、环境和互助组织公关部
负责人
柬埔寨，磅清扬省

柬埔寨，可再生能源环境互助组织

西尔万

柬埔寨人怎么想？

对自然资源的争夺造成了目前世界上的大部分冲突动荡。

一小撮特权阶层享有这些资源却牺牲了公众利益。

我们应该学习用更公平更负责的方式管理自然资源。

——旺加里·马塔伊

2004 年诺贝尔和平奖得主

对自然资源的贪婪

在世界范围内谈到毁林，拥有丰富生物物种的柬埔寨一定能摘得铜牌，仅次于尼日利亚和越南，位居第三。[1]20世纪70年代，原始森林的覆盖面积占国土面积的三分之二。40年过去了，如今的森林面积仅占其3.1%。这期间发生了什么？首先是腐败。柬埔寨位于世界最腐败国家前20名[2]。比如，全球见证组织（Global Witness）就揭露过，森林工会（柬埔寨最有影响力的工会）的领导人是柬埔寨总理的亲戚。森林的所有权被合法地转让给私营企业，有一项法律允许政府出让22%的国土面积，通过"让渡土地所有权用于发展经济"的间接方式，把经济用地特许权转让给了大型工业和农业企业集团。[3]自2000年以来，柬埔寨转让给国外企业的土地近200万公顷，却毫不担忧对丰富的物种所造成的影响。这直接造成了国土资源流失和成千上万的农民失去土地。对农民来说，

---

[1] 根据联合国粮食及农业组织2005年报告，此排名只涉及原始森林的消失。

[2] 根据国际透明组织腐败排行榜，柬埔寨在176个上榜国家中位于第157位。

[3] 随着石油价格飞速上涨，橡胶生产商放弃生产合成橡胶，转而寻求加工天然橡胶。第二种橡胶的生产方法需要大量种植橡胶树，收集珍贵的橡浆。但是，这种生产方法造成的后果同种植油棕榈相似：单一化种植导致土地肥力衰竭和洪水频发等。灾难涉及位于柬埔寨的东南亚面积最大的原始森林。因此，世界主要轮胎供货商韩国的韩泰轮胎、意大利倍耐力轮胎和法国的米其林轮胎均受到质疑。

树木是他们的基本生活资料，他们靠树木生活、取暖、做饭。怎样才能让依靠树木生活的人们收回他们对树木资源及其经济价值的所有权？怎样才能保护树林这一重要资源，不让短期利益导致非法砍伐？可再生能源环境互助组织给出的解决办法是：联合各村庄，基于树林资源创立可持续发展的新产业，以减少对自然资源的影响。

寻找"生态环保平衡点"

如果未来属于早起的人，那么柬埔寨人一定能征服世界。受太阳在赤道运行轨迹的影响，柬埔寨天亮得很早。在GERES 的联络员提醒过我们："在柬埔寨，到早上九点，我们就说上午已经过半。"刚到 GERES 总部，我们就立刻登上一辆小客车，奔波 80 公里，赶往磅清扬省，一个以农业为主的省份，在那里 GERES 与当地合作了一个农业造林项目。

我们在乡间土路上颠簸前行，天气炎热，我们喝了几杯咖啡，休息了几次。GERES 公关部负责人卡米尔·伯努瓦向我们解释他们在柬埔寨的理念和做事方式："GERES 的初衷是协助柬埔寨在可用资源与人口需求之间实现平衡。GERES 不与毁林行为直接对抗，而是寻求资源使用与森林保护共赢的办法。"

改进过的火炉＝能源的高效利用

卡米尔对我们说："自1994年我们来到这个国家，我们就在努力参与解决生物能源的问题，柬埔寨家庭的烹饪方式是森林减少的最主要原因。"在柬埔寨，大城市以外见不到任何天然气或电力设施可供烹饪，唯一廉价的能源就是木材。文化因素也要考虑，大家都在使用传统炉灶烧饭，很耗木材。烧木炭的小炉子非常多，遍布首都金边街旁、各村庄及家家户户。GERES到柬埔寨时就认识到这一问题，团队决定生产推广一种燃烧充分的家庭用炉。很快，他们找到了制造商一起尝试生产这种炉子，炉子燃烧充分、能耗低，用的木材少了就相当于保护了森林。经过多次试验，NLS型号炉诞生了。这种炉子所耗木炭比起传统炉子减少了四分之一，虽然价格要贵2.5倍（2.5欧，传统炉子1欧），但依然划算。从木炭在家庭支出中所占比例来看，两三个月这笔投资即可以回本；还有一个好处是使用寿命长，新型炉子可使用约两年半左右，而老式炉子只能用一年。自2003年投入市场以来，NLS型号炉风靡了整个国家。我们在柬埔寨时，这种炉子的总销售量达200万个，而柬埔寨人口不过才1500万。

卡米尔说："NLS型号炉带来的好处远远超过了对自然资源的保护。"由于NLS技术的应用，不仅减少了20万吨二氧化碳的排放，使大片森林免遭砍伐，面积相当于 1 万个足球场，更是让无数企业经营者从生产商到分销商都从中获利，从事 NLS 相关经营成为柬埔寨最赚钱的行业，此领域从业人数高达 3000 人。如今，柬埔寨行业协会联合了 NLS 制造商及分销商等总共 250 家企业。GERES 计划把这件事情全权转交给当地企业。卡米尔说："非政府组织要会适时退出，把管理权转交给当地管理者。"

法国 GERES 组织在柬埔寨获得了成功：他们创立了一个自治型生态环保产业，促进了小微企业的发展。如今，这个炉灶改进项目成为世界上最重要的项目之一，它使 GERES 组织成为全球首个进入碳市场的非政府组织。这样，这个组织就有了持续收入，可用来资助其他项目。收入是根据 GERES 组织通过其技术减少的碳排放量来计算的。加上使用更环保的煤炭，NLS 型号炉提高了能源利用效率，减少了木材的消耗和二氧化碳的排放。

在产业链上游，通过农业造林保护森林

在产业链上游仍存在一个关键性挑战，那就是：滥砍滥伐森林。面对这个问题，GERES 推行了农林业可再生能源与适应（Agroforestry Renewable Energy and Adaptation，AREA）项目。通过此项目，当地团队尝试培训农民学会植树造林。由于"非法砍伐只是地区性行为，还需要在当地寻求解决办法"，

解决问题的方法很简单，GERES找到村里有领导力的农户，培训并教会他们农业造林的正确方法，特别是提供经济补贴，帮他们把花园改造成苗圃。这些"农民领袖"会自主操作后，就会成为这一农业模式的推广大使，把树苗和种树方法传播给周围的人。在磅清扬省特朗普恩布村（Trempeoun Boung），我们遇到了其中一位"种树达人"唐苏普（Ten Sop）先生。和其他柬埔寨人一样，他满脸带笑，言行谦虚。这位五个孩子的父亲从一位简简单单的农民变成村里的植树达人。他骄傲地说："2011年，我给当地农户分发了7000多棵树苗。"

为了购买必要的生产资料，比如塑料大棚和树种，GERES组织借给唐苏普250美元，借期三年且不收利息。同时，GERES还经常面向感兴趣的村民，组织有关农业造林的公开培训课。磅清扬省由于连续干旱，土地贫瘠，农民们逐渐采用了这些有利于土地再生的方法及种植技术。通过培训者（或者说农民教育家）的宣传，GERES开始推出，推行项目自治。卡米尔再一次强调："GERES的目标是逐渐退出，把利益留给当地农民。"项目已经获得成功，我们在柬埔寨时，AREA项目就已经使全省200位农民受益，种树8万棵，涉及22个不同树种。

总之，为制止柬埔寨资源浪费现象，GERES采用的方法既非道德指责，也非经济责罚。不谴责，只鼓励；不插手干预，只给予建议；不采取经济援助，而是组织民众主动参与——对一个长期依靠国际援助的国家，这些才是它真正的需求。对于相信生产至上的传统经济来说，也许这是与未来的合作伙伴商讨生态环保共话未来的最好方式。无论怎样，农业造林是当地农民迈向真正拥有森林资源的第一步。

塞尔吉奥·里科（Sergio Rico）
水上粮仓（Silos De Aqua）创始人
墨西哥，墨西哥城 ①

墨西哥，水上粮仓公司

马克

可能彻底改变全球农业的固体水

科学服务于人类，要看到科学在食物和健康方面带来的进步。

——塞尔吉奥·里科

---

① WiFU 计划一瞥：美洲中部自然景色优美，墨西哥北部的大平原在此显得格外扎眼。扬尘阵阵，烈日灼烧，土地龟裂，牛的腐尸横陈在干旱的田野中——当我们坐在车中前往墨西哥和美国交界处的著名城市埃尔帕索（El Paso）时，就看到了这么一幅荒凉的画面。我们在隔开拉丁美洲与美国梦的宏伟城墙前行驶了几公里，随后就轻易地进入了美国地界。但三小时后，美国边防警察拦下了我们的客车，开始检查护照。所有墨西哥人都是合法的，但我们几个法国人不是。他们粗暴地搜查，核对指纹和照片，简直没完没了。几个小时之后我们才知道其中原因。原来边境官员被我们护照上的众多印戳给搞乱了，竟然忘记盖上他的章。于是，我们坐在被改装成移动监狱的小汽车里，前往埃尔帕索补全这个著名的印戳。结果：我们又在一个客运站待了一个晚上，还被巡查的士兵没收了两把刀。欢迎来到美国！

墨西哥北部的农民忘不了2012年那场可怕的旱灾[1]，它影响了墨西哥三分之二的人口，造成了巨大的损失：300万公顷农作物尽毁，400万牲口被渴死或被遗弃，1万个社区自来水中断。在墨西哥，五分之一是农业人口，这场七十年来最严重的旱灾，给墨西哥国内的食物供应造成了严重威胁。成千上万的农民被迫离弃干旱的土地，进城或去一些集约化经营的大农场打短工，谈不上任何社会保障。

化学工程师塞尔吉奥·里科[2]差不多有七十岁了。他可不是我们这一路上遇到的最具墨西哥当地特色的企业家。他每天西装革履、神情严肃、语调单一，和我们印象中奔放热情的墨西哥人扯不上半点关系。在接下来的两天里，他陪我们从墨西哥市到周边地区，他向我们展示的，既让我们充满了憧憬，又有些许困惑。他很可能已经找到了解决全球干旱问题的解药，他发明了一种革命性的产品，有可能彻底改变全球农业。这项发明，就是固体水。

---

[1] 气候变暖，谁之过。全球气候变暖导致了气温变化加剧，各地降雨量变化无常。除此之外，干旱的发生还与各国种植农作物时缺乏规划有关，也与人类砍伐森林、过度灌溉有关。瓦尔多·欧杰达（Waldo Ojeda，墨西哥水技术研究院研究员）与塞尔吉奥·里科的交流，参见 http://www.gitpa.org/web/AMN%20MEXIQUE%20CRISE%20.pdf。

[2] 电视、报纸和广播都争相报道塞尔吉奥·里科。我们会面时，他邀请我们参观了在墨西哥拥有几百万听众的方程式广播电台（la radio Formula）。他将在这里向我们展示他的"神药"。

抵抗旱灾的武器

十多年来，塞尔吉奥·里科的企业"水上粮仓"一直在研究能凝固雨水的具有超强吸收力的高分子聚合物。在降水量稀少的地区，这项技术能够节约并优化雨水的使用。这位工程师说："贫穷和饥饿的最主要原因就是水资源的稀少。下雨时，很多人甚至不知道要利用雨水、回收雨水。雨从屋顶落下，在街上、在排水沟里流过，这么珍贵的资源就这样损失了。"

塞尔吉奥·里科用力声明道："我的这项发明首先要面对的是沙漠化地区和半沙漠化地区的农民，以减少全球范围内的饥饿现象。这项发明将彻底改变一直以来使用液态水的灌溉技术。灌溉系统能够以固态的形式保持作物根部的湿润，这在历史上还属首次。"

这位化学工程师坐在办公桌后面，专注地、有条不紊地向我们展示了制作过程。他把一升水和一瓶盖（1.5 克）丙烯酸酯钾粉末（固体雨 Lluvia sólida®）混合在一起，20 多分钟后，我们惊奇地发现水凝结成了果冻状。电离和沉淀让水分子黏在一起，变成高分子聚合物。塞尔吉奥·里科解释道："我们是从婴儿尿不湿中得到的启发，尿不湿能够把液体吸收在那样一小块地方，于是我们就想到把雨水以分子形式储存在吸收力超强的丙烯酸酯中。丙烯酸酯可以储存比自身重 200 倍的水，而且不改变水的化学结构。"

那实际情况是怎样的呢？

农民在屋顶上收集水，把水引流到蓄水池，只需把丙烯酸酯钾粉末倒入池中，一瓶盖丙烯酸酯钾粉末对应一升水。这种粉末像糖一样，可被生物降解且无毒无害。水一旦凝固了，就可以装入塑料袋或桶里，储存在阴凉处，无须等到下雨也能播种。农民们预测一下哪天有雨，提前犁地挖沟，在沟里埋好固体水和种子。这种固体水可用于各种作物，因为它的用途仅是保持作物根部的湿度。雨水或灌溉水会被地里的丙烯酸钾自动储存，十年之内，土壤都将保持充足水分，不需要再添加丙烯酸钾。如果不下雨，作物也不会枯萎，因为作物根部周围一直是湿润的。这项技术尤其适合于降水量稀少或年降水期分布不均衡的沙漠或半沙漠化地区。因为这项技术能够让作物根部持续保湿，避免作物缺水。作物根部持续数月湿润，并会在每次下雨或灌溉时再次补充水含量。雨水或灌溉水既不会渗透也不会蒸发，而是被吸收并凝固在高分子聚合物颗粒中，然后，不断地扩散湿润度（注意不是释放水）。

为了进一步解释，工程师把摆在办公桌上的一盆绿植指给我们看，绿植长得很茂盛，但是300天来没浇过一滴水。"当叶子发黄或者开始发干，我只用加入5升水。用液态水要浇10次，用固体水只需浇1次。"塞尔吉奥·里科骄傲地说。

灌溉成本下降了 80%～90%：需要的人手减少了，也不再需要水泵、管道、电和运输液态水的卡车。固体水可以很方便地储存在袋子里。

塞尔吉奥·里科非常肯定，依托于他的技术，土地产量将提高 200%～500%。"以前每公顷产 600 公斤玉米的土地，同样的公顷数、同样的劳动力、同样的种子，现在每公顷可以产 10 吨玉米。"而且需要更少的化肥，这又与生态农业完美结合。

致力于推广

在墨西哥，很多城市都在使用这位工程师发明的固体水。[①] 印度对此也很感兴趣，将其用于花生、芒果、棉花和鲜花的种植。哥伦比亚、厄瓜多尔、西班牙和葡萄牙也把固体水用于农作物种植、大棚种植和植树造林。再扯远一些，固体水还可被消防员用于救火。把水袋放在地上，它们不会蒸发，超强的湿度会阻断火势的蔓延，消防员再也不用冒生命的危险。

对西方国家来说，水上粮仓公司的解决方案价格低廉，1

---

① 在墨西哥，政府把一部分停车场的停车费收入用于为旅游区的园林购买固体水。如此一来，墨西哥就可以达到节约城市用水的目的，还可以避免太多的洒水车堵塞交通。

公顷土地只需使用 1 袋 25 公斤的固体水，价格为 400 欧元，可用 10 年。然而，对于南半球国家的农民也就是"水上粮仓"公司的主要目标客户来说，塞尔吉奥·里科承认这个价格还是太高了。他希望能说服墨西哥农业部宣传这项技术并提供技术支持，让那些饱受干旱之苦的农民能够受益于他的产品。

这位墨西哥人的技术发明，虽然让我们仍抱有一些困惑，但也有很多有趣的地方让我们愿意深入探讨：无需等到雨季即可耕种，极大程度地解决了作物缺水的问题，提高了作物产能，将灌溉成本降到了以前的十分之一，与绿色农业完美匹配，减少了对化肥的依赖。我们试图让话题再进一步："丙烯酸酯钾是石油这种不可再生能源的衍生物。如果今后石油价格飙升了会怎么样呢？"塞尔吉奥·里科眼神坚定地回答道："科学服务于人类，要看到科学在食物和健康方面带来的进步。我相信科学。我们的后代会从乙醇或者石油的衍生品中生产出固体水，我坚定地相信这一点。"他总结道："如今，我们可以说，这项科学有益于人类福祉。它专注于研究水这一生命的基本元素。通过这项研究，我们可以减少世界范围内的饥饿现象，消灭贫穷，让农民不再放弃土地背井离乡。"

食品

042　桑吉塔·夏尔玛（Sangita Sharma）
相信阿纳达纳土壤和拯救种子协会
（Trust Annadana Soil and Seed Savers）
会长
印度，班加罗尔生态农场

印度，相信阿纳达纳土壤和拯救种子协会

马克

专做种子交易的银行

什么语言是全球性的，可超越文化、种族、宗教？当然是食物。因为没有食物，社会就没有未来的。

——桑吉塔·夏尔玛

保护种子多样性、推进农业可持续发展、服务被边缘化的农民、保护印度人的健康与环境，这就是相信阿纳达纳土壤和拯救种子协会（以下简称"阿纳达纳协会"）会长桑吉塔·夏尔玛要完成的任务。她面带祥和的笑容，在班加罗尔市（印度"硅谷"）的生态农场接待了我们。桑吉塔·夏尔玛身着蓝色纱丽，坐在卷心菜、生菜和西红柿菜地里，平和而骄傲地用稍带口音的英语，向我们讲述了印度农业的概况。

1948 年，印度独立一周年，新总理尼赫鲁宣布："什么都能等，农业不能等。"1943 年，饥荒席卷了孟加拉国，造成 150 万 ~ 300 万人口死亡。这次宣言开启了印度 20 世纪 60 年代的绿色革命，国家实现了粮食的自给自足。根据尼赫鲁的观点，人民吃饱了，经济发展自然会随之而来。然而，绿色革命最终徒有其名。高产农业是绿色革命的立论依据，它导致了农业生产对化肥的严重依赖。过分强调产量的农业技术，对水资源需求过量，造成地下水干涸；滥用杀虫剂导致土壤贫瘠，摧毁了生态系统，破坏了生物多样性。650 万印度农民本以为会获得大丰收，哪知幻想很快破灭：贫瘠的土地上作物产量逐渐减少；滥用杀虫剂等产品导致生产成本不断攀升，农民陷入困境。为购买化肥和杀虫剂，他们年年贷款。成千上万的农民找不到出路，最终选择自杀。绿色农业原本是要消除饥荒，却毁灭了印度存续千年的、由人力耕作的、具有当地特色的生态农业，发展了机械化单一作业的化学农业。

1990 年末，第二次绿色革命开始了。转基因作物种植终于解决了印度人的吃饭问题。转基因作物的最主要优势是具备抗虫害特性。作物本身并不具备抗虫害基因，这种基因是从另一种植物上提取、人为植入的，从而丰富了作物的 DNA，使作物需要更少的杀虫剂。那么，谁扮演了这一救世主的角色呢？这回是西方的跨国集团，如孟山都公司（Monsanto），它在转基因市场中占有重要的市场份额。在提供生物技术的工业大鳄与反全球化运动之间，印度政府始终摇摆不定，没有采取明确立场。虽然2012年印度宣布无限期暂停转基因作物的种植，印度目前仍是转基因作物最为广泛的国家之一，尤其是转基因棉花的种植。

"种子是遗产"

桑吉塔刚开始踏入职场时，在迪拜铝业集团（Dubai Aluminium）及首霸地产（Sobha）等大型集团做公关部门负责人。受到使命的感召，在国外生活了十八年后，她回到家乡。桑吉塔对食品供应链提出质疑：为什么健康饮食这么困难？她跑遍印度，拜访了很多农民，力求找到答案。在这期间，她开始关注种子并有了这样的想法："如果种子被污染了，那么整条食品链肯定也会被污染。"她和法国可可波里（Kokopelli）①组织的创始人多米尼克·吉莱（Dominique Guillet）的相遇，起到了主要作用，最终推动她创立了阿纳达纳协会。这两个分别创立于法国和印度的组织，拥有共同

---

① 可可波里（Kokopelli）是一家以解放种子和土壤、保护食物多样性为目标的法国组织。该组织力图集合所有希望维持自由播撒蔬菜和谷物的新品种或者老品种的活性种子权利的人士。

的目标和相同的行事方式：保护种子和培训农民走生态农业的道路。

桑吉塔说："种子是遗产，而高密度单一作物种植会摧毁其多样性。"化肥毒化了土壤，使当地的种子无法种植。联合国粮农组织数据显示：1990年至2000年间，农作物种类中的75%已经消失。桑吉塔认为，种子应该掌握在农民而非跨国企业手中。于是，她创立了一家专门经营作物种子的银行。每年，她保存80种即将消失的作物种子：西红柿、生菜、辣椒、甜瓜、四季豆等。这些种子都来自种子银行自有生态农场。

为保证植物基因保持原样而不会被传粉昆虫篡改，一部分种植是在地下进行的。种子从植物身上提取出来，晾上7~15天，真空包装并储存在温度为4℃的冰箱里。桑吉塔特别提防大集团的间谍行为："我们提防他们拍摄种子及种子的储存方法。"然后，种子会被免费分发给几百位农民、民间组织和公共机构，由他们种植。

储存、播种、培育

阿纳达纳协会在其教学农场里，组织了生态农业培训课程。让农民重新学会自主管理是一个非常大的挑战。农民要重新学习祖辈的家庭务农技术，五十年来，为了发展密集农业，这些技术早就被摒弃了。联合国人权理事会粮食权特别报告员奥利维尔·德·舒特（Oliver de Schutter）说："生态农业要求有丰富的知识，要求培训并掌握农业技术。"桑吉塔教授的种植技术走的就是这个方向：使用蚯蚓堆肥，采用造价低廉的灌溉技术，建造绿肥化粪池，使用秸秆制作地膜、采用作物混种和轮作，在作物中种植色彩鲜艳的植物以使作物远离寄生虫从而改善土壤状况，还有其他各种方法。这里禁止使用化肥，这些肥料会越来越贵，因为它们与化石能源的价格紧密相关。

"这真是一笔糊涂账。如果农民耕种的土地越来越贫瘠，粮食产量减少，但生产成本却因使用化肥而大幅增加，农民怎么可能走出贫困？"桑吉塔全力反对转基因作物[1]，因为它不仅破坏了生物多样性，还使用终结者技术[2]捆绑住农民。每

---

[1] 与转基因作物相比，非转基因作物没有失势。"2008年，25个国家（15个发展中国家和10个发达国家）共种植了8亿亩转基因作物。……直到现在，转基因作物的可接受性在很多地区仍存在争议，包括某些发展中国家。人们认为相关贸易风险非常高。目前众多发展中国家还没有成熟的科技和法律法规来估算现代生物技术在国内农业领域的应用能够带来的利益和所需成本，因此也无法将转基因作物成功引入国内农业框架当中。"参见联合国粮食及农业组织（FAO）报告：《2050年如何养活世界人口》（*How to feed the world in 2050*），http://www.fao.org/fileadmin/templates/wsfs/docs/Issues_papers/Issues_papers_FR/Comment_nourrir_le_monde_en_2050.pdf。

[2] 终结者技术通过使二代种子不能种植生长，来限制转基因植物的再次使用。

年，一旦收获季节结束，农民们没法用收获的种子再播种，因为二代种子不能再种植生长了。所以，农民每年都得再向跨国集团高价购买种子（价格是一般种子的4倍），这就使农民一直处于依赖和负债状态。最近，印度政府禁止马希科（Mahyco，孟山都的印度分公司）在马哈拉施特拉邦售卖转基因棉花种子。因为这些种子的产量实际上只有孟山都宣称的1/4。20万农民因负债累累自杀身亡。[1]桑吉塔总结道："您看到灾难的影响范围有多广了吧！我们的任务就是重新教会农民通过生态农业[2]，在一块10米宽的土地上自己作主。"[3]

---

[1] 参见http://www.france24.com/fr/20130705-reporters-inde-ogm-monsanto-Maharas-tra-Mahyco-coton-agriculeurs-suicide-france24。

[2] 联合国中也有人崇尚生态农业。"现有的科学证据表明，生态农业方法比化肥更能促进饥荒地区的粮食生产……（生态农业）能够帮助整个地区减轻区域贫困现象，对抗气候变化，从而在十年内将粮食生产量翻倍。"参见奥利维尔·德·舒特关于联合国粮食权利问题的特别报告，《改善》（Kaizen）杂志第10期，第12页，http://www.srfood.org/images/stories/pdf/officialreports/20110308_a-hrc-16-49_agroecology_fr.pdf。

[3] 可可波里组织多次受到大型跨国种子集团的攻击，被诬蔑参与不正当竞争、非法分配未被法国政府和欧盟认可的种子。因为种子只有被列入国家官方名录后，才能在整个欧洲合法流通。国家种子企业跨行业联盟数据显示，欧洲种子名录共有3.4万多类，其中6500类来自法国。可可波里认为，种子名录的筛选标准只满足了现代种子行业的需求。该组织因通过15家生态农业企业构成的网络，"非法"销售1700多类种子，成了贩卖种子的非法组织。

048　德里克·布利茨（Derek Blitz）
恩能盖亚能源公司（EnerGaia）技术
负责人
泰国，曼谷

泰国，恩能盖亚能源公司

马克

曼谷屋顶上的营养藻

生产 1 公斤牛肉需要 6 个月，但只需 1 周就能生产等量的螺旋藻且耗水更少。

——德里克·布利茨

喧闹的曼谷街头，拥堵的交通，我们搭乘了一个小时的三轮出租，终于来到曼谷的一座房屋的屋顶前。在我们眼前有几十个大桶，装满了绿藻，在太阳下嘟嘟冒泡。这些绿色液体就是螺旋藻，这些桶是泰国恩能盖亚能源公司的，我们要去拜访的就是这家公司。

2050 年养活 96 亿人

虽然联合国千年发展目标[①]里提到，1990年至2013年间，全球饥饿现象（营养不良或营养不足）已明显减少，但在一些地区，像撒哈拉沙漠以南和亚洲南部等地，饥饿问题远没有得到解决[②]。世界上80%的农业用地被过度开发使用，联合国预测2050年世界人口将达到96亿。《2050年全球农业与粮食前瞻计划》（*Agrimonde AG1*）[③]中提到，农业生产届时需要增长39%才可养活全球人口。实现这一目标必须具备两个

---

① 联合国千年发展目标提到八大目标，于2000年同联合国千年宣传一同问世，计划于2015年实现。这些目标涉及人类目前主要面对的几大挑战：减少极端贫困、减少儿童死亡率、控制传染病发病率、推广教育、性别平等、落实可持续发展。

② 全球每四秒钟就有一人死于饥饿。"全球12.5%的人能量摄入不足。全世界26%的儿童发育迟缓，两百万人缺乏微量营养元素……生产力的损失，加之与医疗相关的直接成本，营养不良带来的成本为每年35000亿美元，即每人500美元，约占全球生产总值的5%。"参见2008年联合国粮食及农业组织报告，http://www.fao.org/docrep/018/i3301f/i3301f.pdf。

③ 2006—2008年，法国集合了一批专家，制订了《2050年全球农业与粮食前瞻计划》，共推出两个对比鲜明的版本。第一个版本：*Agrimonde GO*，商业社会；第二个版本：*Agrimonde AG1*，力求确保农业生产及粮食生产的可持续性，即生产环保、可持续发展。参见 http://www.google.fr/url?sa=t&rct=j&q=&esrc=s&source=web&cd=2&ved=oCCYQFjAB&url=http%3A%2F%2Fwww.cirad.fr%2Fcontent%2Fdownload%2F3797%2F30413%2Fversion%2F1%2Ffile%2FAGRIMONDE-12p-final.pdf&ei=owc1VPPWHcaKsQSxhYKIBw&usg=AFQjCNHqKBrbVt_SaRrtZNHsCPNTuu1v4A。

条件：首先，要改变饮食结构，差不多每人每天摄入的热量应控制在 3000 千卡，其中 500 千卡应来自动物蛋白（目前法国是 4000 千卡，美国 4500 千卡，撒哈拉沙漠以南地区 2000 千卡）；其次，减少食物浪费，从田间到餐桌，全球食物浪费总量占产量的 30%。面对国际组织报告中指出的这一系列数字，这家年轻的公司拒绝袖手旁观，他们发明了一种创新的营养解决方案：螺旋藻城市养殖。

蓄势待发的复合营养物

在 16 世纪的墨西哥，阿兹特克人（墨西哥的印第安人）食用这种绿色微藻补充蛋白质。他们在湖里收集螺旋藻，拌到玉米里吃。20 世纪 50 年代，螺旋藻被一队来非洲乍得做科学研究的欧洲科学家再次发现。乍得湖边的卡内姆（Kanem）沙漠地区遍布碱性高的环礁湖，对微藻生长极其有益。这种藻类营养丰富，当地居民喜爱这种食物，认可其营养价值。有些非洲部落正因为食用了螺旋藻，才避免饥荒。到了 70 年代，一位美国医生里普利·D. 福克斯（Ripley D. Fox）再次开发了这一食物，鼓励欠发达国家生产螺旋藻，应对人口营养不良（尤其是儿童的营养不良），抵御饥荒。

螺旋藻仅生长在世界部分地区。最近四十几年来，在西方国家，螺旋藻仅被当作营养补充，除此之外，没有进入人们的饮食体系。螺旋藻的生产方式有两种：或者直接在螺旋藻自然生长的湖泊里收集，或者在露天池塘里开发微型农场，进行人工养殖。螺旋藻的人工养殖方法操作简便。螺旋藻对营养不良人群有很多益处，但产量有限且容易受到污染。尽管如此，欠发达国家政府和非政府组织为提高当地螺旋藻的食用量，积极推动当地小型螺旋藻人工养殖场的建设。除人工养殖外，还有企业如恩能盖亚，以工业化方式大规模生产这种微藻，供人类及动物食用。

恩能盖亚能源公司本部人不多，只有几位实验室技术员，他们在专心致志地操作发绿的试管以及外形像洗衣机的大型仪器。全部生产都在屋顶上进行。技术负责人德里克·布利茨和生产负责人帕特萨库·撒威赤库（Patsakorn Thaveeuchukorn）带我们参观。这里有四十多桶螺旋藻，在曼谷炎热的太阳底下曝晒。帕特萨库向我们简洁快速地解释制作工序："螺旋藻是一种植物，需要阳光进行光合作用。每24小时体积增长一倍。我们每周3次从桶里收集螺旋藻，然后放入大型烘洗机里冲洗和甩干，最后盛放在宽口瓶里。"

由于光照充足，曼谷的屋顶很适合作为城市里养殖螺旋藻的地方。技术负责人言之凿凿地说，恩能盖亚能源是世界上唯一一家提供新鲜螺旋藻的企业，新鲜的螺旋藻保留了全部营养物质，这与目前市场上的干螺旋藻不同。恩能盖亚制作的螺旋藻只有3周的保质期，所以，他们要离消费者更近，以保证产品能在24小时内送达。

螺旋藻是一种令人充满活力的复合营养物，适合人类及动物食用。它营养丰富，美国国家航空航天局及欧洲航天局对此均有研究，还将其作为宇航员在宇宙空间里长期生活的食物来源。螺旋藻含有 59%～65% 的蛋白质，大豆的蛋白质含量是 40%，生牛排是 23%。螺旋藻的蛋白质中，卡路里含量更少；和其他任何一种蛋白质相比，螺旋藻提供的蛋白质更易于消化。德里克说："螺旋藻营养丰富，繁殖力强，价格便宜。生产 1 公斤牛肉需要 6 个月，但只需 1 周就能生产等量的螺旋藻且耗水更少。"螺旋藻还含有大量的氨基酸、欧米伽 3、矿物质和维生素。

螺旋藻没有味道，与任何其他食物搅拌在一起都能把食物染绿。意大利面、咖啡、汤、果蔬汁中都可以添加。在曼谷，螺旋藻已经得到一些绿色食品商店和高档餐厅大厨的青睐。恩能盖亚的目标是逐步进入泰国的大众市场并出口国外。

几十年来，螺旋藻一直被用作营养补充片剂，受到素食及纯素食主义者的追捧。现在最大的问题是如何实现大范围的推广。普通消费者是不是已经准备好了，愿意用螺旋藻作为肉类或鱼类的替代品呢？在欠发达国家，作为对抗营养不良的食品，螺旋藻很有发展前景。联合国粮农组织对此非常关注，在 2008 年的一份报告中称："各国政府和国际组织应该重新评估螺旋藻在食品安全方面的潜在价值，以应对紧急情况。"①

城里的 1 平米每年能提供 20 公斤营养品②

2050 年，世界 75% 的人口将会生活在城市中。为减少交通运输给环境造成的负担，减少农业集约化经营给生态造成的影响，以螺旋藻养殖为范例的城市农业显得不可或缺。现在有 8 亿城市人口已经意识到这点，他们在城市里种植、养殖。城市农业除了能给当地提供新鲜食材，还可以降低城市温度，让有机废料更快地循环和再利用，减少雨水流失，还能让住宅隔热保暖。但是在很多国家，这种方式没有得到国家农业政策的认可，也没有进入城市规划，所以生产者不得不无证生产。同时，也有些市级政府开始认识到这种方式的好处，尤其在纽约，政府落实了财政政策，鼓励居民们在城里种植。为了应对城市人口密集的状况，这种农业生产目前大部分是沿地面水平方向种植（如在户外屋顶等），将来有可能会与地面垂直种植。美国微生物学家迪克森·德波米耶（Dickson Despommier）鼓励推广这种"垂直农场"③ 模式。他认为，一幢 50 层的高层建筑可养活 5 万居民。在这方面处于

---

① 参见 ftp://ftp.fao.org/docrep/fao/011/i0424e/i0424e00.pdf。

② 参见联合国粮农组织的数据。

③ 参见 http://www.verticalfarm.com/。

领先地位的国家是日本，以占法国的 1/6 的农业用地面积养活了 1.27 亿人口。城市垂直农业在日本非常发达，这些大型农场里，架起好几层栽培床，采用 LED 光源照射，种植水果蔬菜。在新加坡、阿联酋和布基纳法索，也有很多相关的规划正在推行。

苏菲·卡泽纳夫（Sophie Cazenave）
62 海篮子协会（Les Paniers de la Mer
62）主席
法国，滨海布洛涅市

法国，62 海篮子协会

马克

鱼的第二次机会

　　没有什么能比被社会孤立更糟糕的了，我们甚至有员工愿意不要工资来工作。

——苏菲·卡泽纳夫

　　欧盟提供了有关食物浪费的确凿数据："每年欧盟各国在家庭、超市、餐厅、连锁店的食物浪费接近 50%，同时却有

7900 万人口生活在贫困线以下，1600 万依靠慈善救助。"①

法国的水产品市场是食物浪费现象的典型体现。一旦水产品市场价太低，为避免价格暴跌，水产品会被集中回收。虽然鱼都是新鲜可食用的，但还是被销毁，碾成粉末。欧盟为了补偿渔民，通过共同农业政策（CAP）支付给渔民一笔财政补贴。成千上万吨新鲜的鱼就这样没了，法国有 100 万～300 万渔民得到过这项政策补贴。

反对浪费，社会就业及援助

在滨海布洛涅市的渔港，我们来到 62 海篮子协会在当地的分局。协会致力于反对浪费，致力于为社会边缘人群创造就业岗位。我们看到工人们身着白色工作服，在扇贝和各类鱼之间忙忙碌碌。我们从他们中间穿过，来到协会主席苏菲·卡泽纳夫的办公室。她向我们介绍了协会的运作机制：每天早上，协会工作人员回收一部分鱼铺没有卖掉的鱼——昨天这些鱼本来要被销毁、碾成粉末，而今天他们会通过一个再

---

① 联合国粮食和农业组织估计，全球每年生产的用于人类消费的粮食中，有 1/3 的粮食在生产和消费的过程中被浪费了。欧盟委员会的数据显示，在欧盟各国的粮食浪费中，42% 属于家庭浪费，39% 为食品加工业浪费，5% 为零售业浪费，14% 为餐馆浪费。参见 http://www.europarl.europa.eu/news/fr/news-room/content/20120118IPR35648/html/Il-est-uegent-de-r%C3%A9duire-de-moiti%C3%A9-le-gaspillage-alimentaire-dans-l%27UE。

就业培训中心处理好，继而分发给救助中心，比如法国民间救援队或者爱心餐厅。

这个再就业培训中心把鱼作为培训材料，让失业者能够进入职场，他们所在地区的平均失业率比全国平均水平高出3个百分点[1]。他们的目标是让这些求职者或积极互助收入津贴（RSA）[2]的领取者将来能找到一份稳定的工作。在62海篮子协会，这些人享有合同保障及每小时最低工资保障。

苏菲·卡泽纳夫说："协会领取的国家政府和社会财政援助，占了一部分社会成本。但是，我们带来的将是价值的增长。如果这些人重新领到工资，无论是在医疗还是日常费用方面，他们给社会造成的负担都会更小，他们也会再次把工资消费掉，这对当地经济是有益的。如果社会不想放弃他们就要教他们走出困境的方法。"2013年，滨海布洛涅市、圣马克市、圣马力诺市、罗昂市的62海篮子协会，让350吨鱼免于销毁。分发给不同的食物救助组织的鱼共计10万份，不仅保护了生态环境，通过反对浪费、帮助再就业，也为社会减

---

[1]　参见 http://www.insee.fr/fr/regions/nord-pas-de-calais/default.asp?page=conjoncture/taux_chomage.htm。

[2]　针对低收入或者无收入的居民及家庭以及低收入单独抚养子女的父亲或者母亲，法国政府把原来的最低生活保障津贴（RMI）或者单亲父母补助金（API）等多项政府补助，改为积极互助收入津贴（RSA），此项津贴的受益人同时享受再就业协助计划，促其重新回到工作岗位，有利于低收入者找到收入更好的工作。

轻了负担。2004 年起，500 多位无业者在协会的培训下，在水产储运批发及食品领域实现就业。

环境方面的真正进步

自从我们报道了 62 海篮子协会之后，欧盟便停止了对渔民未售水产品的补贴。所有捕捞进舱的鱼必须卖掉。62 海篮子协会对此做出两个调整：首先，通过寻找新的财政援助，力求成为所卖水产品的最后一批购买者；其次，服务创造固定岗位，保证对救助机构提供的食物总量的稳定。从更大范围上说，取消对渔民的财政补贴，能够更好管理资源，减少食物浪费。[1]

另外，如果将来欧盟要设置一个禁止扔鱼回海的管理机构，这个机构应该能够帮助 62 海篮子协会继续开展他们的活动。根据绿色和平组织[2]的规定，禁止扔鱼回海的行为涉及的

---

[1] 2012 年 1 月，欧洲议会的一位报告员称："粮食将会供不应求，因此未来最重要的问题是满足不断增长的粮食需求。当卫生的食品被源源不断地扔到垃圾桶时，我们就不能视而不见了。这不仅是一个伦理问题，也是一个经济和社会问题，对环境有着巨大影响。"根据欧盟委员会的研究，如果人类不采取任何措施，那么到 2020 年，粮食浪费量会增加 40%。参见 http://www.europarl.europa.eu/news/fr/news-room/content/20120118IPR35648/html/Il-est-urgent-de-r%C3%A9duire-de-moiti%C3%A9-le-gaspillage-alimentaire-dans-l%27UE。

[2] 参见 http://www.greenpeace.org/france/PageFiles/266559/Brief·PCP·110713·Green·peace.pdf。

是超出规定捕捞数量的鱼，或是因体积太小而禁止销售的鱼。"应该进一步完善这一规定，明确什么鱼能捕，什么鱼不能捕，从而减少捕鱼对海洋生态造成的影响，让一些鱼类能够得到繁衍生息。"[1]

这条新规定自 2015 年 1 月起实施，也许对 62 海篮子协会来说是一次绝佳的机会。这些超出捕捞限额的鱼，还有因体积太小禁止销售的鱼，都很新鲜且可以食用，这些鱼成为 62 海篮子协会开展再就业培训不可缺少的物料。

62 海篮子协会需要不断地根据欧盟政策的变化做出调整，继续再就业培训与食物救助。苏菲·卡泽纳夫和其团队成员不会轻言放弃："我们会适应欧盟的新政策，不会放弃我们的目标：再就业培训和食品救助。"

像其他很多再就业协会及社会经济互助组织一样，62 海篮子协会的年收入并不稳定，完全取决于新补助的多寡。他们常常得不到及时的财政补助，导致协会活动难以向前推进。

---

[1] 金枪鱼品牌"小军舰"（Petit Navire）自诩为可持续捕鱼方法的领军者，但现在这个品牌受到了绿色和平组织的审查。绿色和平组织指责"小军舰"采用集中捕鱼设备（DCP），通过这种设备捕捞到的鱼量会增加 2~4 倍。除了金枪鱼，"小军舰"的渔网还会捕捞到鲕鱼、龟类、鲨鱼和小金枪鱼，之后不管这些鱼类活着还是死了，都会被扔回海里。"截至目前，该品牌拒绝回应绿色和平组织的请求。"

吉扬·谢龙（Guilhem Chéron）
蜂巢协会（La Ruche qui dit Oui）创始人
法国，里尔

060

法国，蜂巢协会

马克

当协同消费缩短了主流农业模式流程

"对饮食有益的，就对思想有益。"

——克洛德·列维－斯特劳斯

　　责任经济世界论坛在里尔举行，这是一场有关经济责任的大聚会。论坛间歇，我们见到了蜂巢协会的创始人吉扬·谢龙①。当他从工业设计专业毕业时，没有任何迹象表明这位三十多岁的男人会把支持法国小生产者作为自己的事业。但是，他在从事设计相关工作的同时，还在古巴与别人合伙开了一家素食餐厅，以及为自闭症患者开设过烹饪课程，也许

---

① 参见 http://france.ashoka.org/guilhem-ch%C3%A9ron。

这些行为预示了他会变成一位社会企业家的可能性。他成功卖出了一项专利之后，进驻"前进"（Avancia）孵化器，18 个月来不断推进"菜品混合及创新"方案，这项方案最终于 2011年催生了蜂巢协会①。

吉扬微笑着说："我们的目标是发起一场新的农业革命，就是这样！"这种农业形式可以产生就业岗位，运输路途短，菜品多，生态环保。蜂巢协会为买卖双方提供一种协作性在线服务，致力于发展短距离的产品分发配送。

这一电商销售平台促进了当地生产商与消费者的直接交流，他们也会定期在市场上见面。

变身为"菜农家园管理者"

你可以开一个蜂巢站点，咖啡店里或者花园里都行，你

---

① 法国可持续农业／生态农业背景：小型生产者把产品卖给各大超市，超市长期占有市场，小型生产者几乎不可能从事直接销售，超市支付给他们的钱平均仅占商品售价的 40%。法国的农业高度工业化（作物品种单一，大量使用化学制剂），在经济、生态环保、整体形象方面都已达到上限，无法有更好的表现。85% 的农民临近退休（农民的平均年龄高于 55 岁），年轻一代准备发展可持续农业／生态农业，但是担心无法维持生计。70% 的消费者希望吃到当地生产的有机食品，但是缺乏购买渠道。有机食品的销售渠道的改变，更多吸引到的是环保主义者，而非人民群众。参见 http://www.lemonde.fr/planete/article/2012/04/02/succes-pour-les-paniers-paysans-des-amap_1679057_3244.html。

是站点的负责人。你要联系方圆 250 公里内的蔬菜、奶酪、肉类、酒类、面包等生产商，同时在身边的朋友中招募消费者。一旦在你组建的网络里有足够的生产商和消费者，蜂巢站点就运转起来了。你把生产商每周提供的产品都发布在蜂巢网上推荐给消费者。生产商给产品定价。消费者每周有六天时间可以在网上订货。一旦订单成立，有两种情况：如果达到最低发货数，生产商就配送产品；如果达不到，生产商本周不发货，消费者的钱不会转到生产商账户。交易日当天，消费者都到产品分发地领取购买的产品。

小投资，大影响

要建立一个蜂巢站点并成为负责人，最初不需要任何投资，只需要在蜂巢协会的官网上填写一份调查问卷。蜂巢协会将分析你的情况以及你成为一位蜂巢站点负责人的潜力（包括动机、所在区域是否存在其他蜂巢站点、所在区域有没有足够的生产商等）。"十个提交申请的人中，一般只有两个人合格，我们不想在方案筛选上浪费申请者太多时间。大部分情况下，如果其他蜂巢站点离申请区域太近，或申请区域太偏远，或是那里的农业现状不适合，比如农产品种类比较单一，没有生产各色产品的小生产者，我们都会拒绝申请。"一旦申请通过，联系了生产商，聚集了 40 多个消费者，就需要注册，获得一个法律上的身份（小微企业、协会等），这样就可以获得收入，启动销售环节。你所创建的蜂巢站点总销售额的 10% 归你，平均每周工作 10 ~ 15 小时，管理在线网站，每周组织一次商品分发。吉扬说："这不是一份工资，而是一份额外的收入。"当然，对于那些已经开了好几个蜂巢站点的人来说，已经算得上是一份工资了。吉扬继续说："只要你喜欢与人交往，愿意交流，谁都可以开一个蜂巢站点，从中获得真正的企业管理经验。"除了从你所经营的蜂巢站点获得收入之外，更重要的是，你可以让大家重新享用到真正的食物。法国卡昂市蜂巢站点负责人雅克·迪弗雷纳（Jacques Dufresne）说："我的蜂巢站点为我带来了什么呢？让人们发现（或重新发现）附近乡下的健康美味产品，是非常快乐的事情；打破传统大规模配送带来的人与人之间的隔阂、孤立与陌生，让人特别开心；让朋友、农民和生产商之间在生活中建立联系，我感到非常满足。"

所有人都从中获益。这项服务为生产者提供了一个快速、稳定、高效的配送途径。生产商自主定价、自由确定他们愿意配送到蜂巢站点的最低配送数量，绝不浪费。他们返程的时候，送货筐都卖空了，因为他们配送的是网上提前预订的产品数量。平均算下来，每个生产商需要走 43 公里以完成配送。托马斯·博南（Thomas Boonen）—— 一位法国加莱海峡的有机菜农在蜂巢协会网站上说："我不是那种可以在电脑前敲一整天的人，但是通过蜂巢协会，我理解了互联网在短程配送商业模式上可以起到怎样的推动作用。事情进展得更快了，信息从未像现在这样传播，我们每天都能接触到新的客户。但我们不会失去联系，因为有线下分发配送这个环节，网上的虚拟可以变成生活中的现实。"

消费者每周都能买到新鲜的当地生产的应季产品，能够参与到当地小型农经济的发展中。蜂巢站点成员奥莱丽说："我的最终目标是再也用不着去超市，这个目标马上就要实现了。"蜂巢网站操作便捷，不需要订购全套产品，消费者什么时候想买就什么时候下单，想买多少就买多少。蜂巢成员每周都与生产商见面，建立了良好的社交关系，这让消费者看到当前存在于农业中的问题，从而更愿意回归土地。吉扬说，没有哪类消费者是适合或者不适合的，所有社会阶层都有涉及，蜂巢站点目前在城市、市郊和农村都有。因为交通成本更低、配送距离更短、中间商减少、耗费减少，蜂巢的产品价格比起传统商业更加低廉。

价格更低，回报更高

生产者自主定价，系统为其自动结算最终售价的 80%；收入的另外 10% 作为协会 35 名员工的薪资（他们负责提供服务）；还有 10% 给蜂巢站点的发起人（他们同时也是蜂巢站点的负责人，负责联系生产者与消费者）。

美食爱好者吉扬似乎已经找到了最完美的"菜谱"，那就是把饮食、网络创新①和企业联合起来，服务一个更加贴近人性、更加生态环保的农业形式。2011年，第一家蜂巢站点在法国图卢兹郊区创立。3年后，蜂巢站点在法国遍地开花并开始发展到整个欧洲。迄今为止，518个蜂巢站点得以创立，200个正在建设中，2500位生产者加入网络，50000名消费者在此完成其日常消费。②在告别前，吉扬笑着引用了法国作家、哲学家克洛德·列维-斯特劳斯（Claude Lévi-Strauss）的名言："对饮食有益，就对思想有益。"

---

① 第二代互联网（Web 2.0）助力短渠道销售。法国创业公司蜂巢协会共有35名员工，其中15人默默从事着同名本地食品电子商务平台的设计与开发工作，他们所建立的分散式电子商务网络实现了供货点和农业生产者的自主经营，其宗旨是促使生产者专注于进行农业生产并与会员建立良好的关系。

② 支持乡村农业协会（Assocoations pour le maintien d'une agriculture paysanne，AMAP）先于蜂巢协会出现，与后者互为补充。此类协会致力于促成区域间的消费者群体与一个或多个生产者之间的合作。由合作双方共同确定每个季节生产食物的种类和数量，会员每周可在销售点拿到一筐农产品。双方事先确定好一个公道的价格，一方面要让生产者收回成本并获取合理的利润，另一方面要充分考虑消费者的购买力，使其买得舒心。与蜂巢协会的合作模式不同的是，支持乡村农业协会的生产者与会员签订连带责任合约，会员承诺提前支付一定时段内的部分或全部费用。根据《世界报》（Le Monde）的统计数据显示，2012年法国共有1600余个支持乡村农业协会，定期向27万消费者提供6万6千筐农产品。参见http://www.lemonde.fr/planete/article/2012/04/02/succes-pour-les-paniers-paysans-des-amap_1679057_3244.html。

在一起驱车回程前还有一点时间，我们去参加了胡萝卜反垄断运动联盟（Carrotmob）的活动，这次活动是由位于不远处的蜂鸟运动协会（Colibris）组织的。食物、交通、协同消费、政治，处在过渡期的蜂巢网络提供的服务是丰富的、充实的。大规模的变革真的要开始了吗？

生物多样性和生态旅游

068　多米尼克（Dominique）
科尔邦布（Keur Bamboung）生态度假村
负责人
塞内加尔，辛尼－萨卢姆

塞内加尔，科尔邦布海洋保护区
马克

西非首个海洋保护区

　　我们的经济提前预支了未来。渔民捕鱼是为了养活自己，为了上学，为了养家，鱼没了，他们就一无所有。

——海达尔·阿里（Haidar El Ali）
塞内加尔海洋事务及渔业部部长①

---

① 海达尔·阿里（Haidar El Ali），西非政治生态学之父，先前为塞内加尔首个绿党成员，现任西非绿党联盟（la fédération des partis écologistes et verts d'Afrique de l'Ouest）主席。

法国西海岸：拉罗歇尔

我们见到了赛加（Saïga）生态旅游[1]协会的联合创始人菲利普·马雷（Philippe Marais）。早在生态旅游被商人拿来作为市场营销的宣传点之前，赛加协会1996年就开始推广生态旅游。协会向游客们提供旅游住宿，带游客与生态学家见面，与传统手工艺继承人见面。协会提供遍布世界5大洲的24种旅游住宿服务，游客们不仅可以观察到而且可以参与到资源保护及动物保护中，如非洲加蓬的大猩猩、巴西亚马逊粉红淡水豚或马达加斯加的狐猴等。对菲利普·马雷来说，当地的经济发展是最重要的。他们把旅游收入的77%～80%交给旅游接待国。是的，你没看错！几乎是4/5的收入重新用于

---

[1] "生态旅游是一种具有环境责任感的旅游方式，保护自然环境及延续当地居民福祉是发展生态旅游的最终目标。"参见国际生态旅游协会（The International Ecotourisme Society，TIES，http://www.ecotourisme. org/what-is-ecotourisme）。

当地经济发展。科尔邦布的海洋保护区^①是生态旅游的最佳典范，也是赛加协会主推的一个旅游项目。钱是不是真正划拨给环境保护及海洋生物保护项目了呢？项目对当地农村人口有什么影响呢？我们来到当地进行调查。

塞内加尔西海岸：科尔邦布

离达喀尔 250 公里处的辛尼－萨卢姆三角洲，自古就生活着以捕鱼为生的渔民。最初，捕鱼只为维持生计，后来很快变成了彻头彻尾的商业行为。大规模农村人口外流，涌向达喀尔和圣路易等海滨大城市，导致人们对海产品供应的需求量越来越大。过度捕捞以及毁灭式捕鱼司空见惯，再加上外国捕鱼船近海捕捞，工业、生活及捕鱼垃圾造成的海洋环境污染，导致了塞内加尔尤其是辛尼·萨卢姆地区渔业资源大幅下降。

---

① 海洋保护区（Aire marine protégée，AMP）是指以保护海洋环境和自然资源为目的，依法划分出一定面积并予以特殊保护和监控的区域。通过建立海洋保护区，可以预防对海洋生态环境造成的破坏，促进海洋生态环境的修复，并且提高脆弱海洋区域的生产力，最终重塑受人类活动干扰或自然灾害破坏的海洋生态环境。海洋保护区的"溢出效应"使得周边海域鱼类数量增加，从而提高渔民的渔获量和渔业收入。参见达喀尔海洋群落协会（Oceanium de Dakar），http://www.oceaniumdakar.org/L-air-marine-prote-gee-du-Bamboung, 33.html?lang=fr。

1984 年，让－米歇尔·科纳布斯特（Jean-Michel Kornprobst）教授在塞内加尔创立了一个海洋环境保护协会：海洋群落（Oceanium）。他很快得到了塞内加尔现海洋事务及渔业部部长海达尔·阿里的支持。海达尔·阿里被法国《世界报》评为全球百位最有影响力的环保人士之一。他来自一个黎巴嫩移民家庭，在达喀尔伊斯兰教区长大，和在街头玩耍的小伙伴学会了沃洛夫语。小时候，他就对海洋很感兴趣，他渴望去看海底世界。他被海底的美丽景色所深深震撼，同时为毁灭式捕鱼所带来的破坏感到无比震惊。他成为一名"积极分子"——就像他喜欢说的那样，并为此付出了很多努力，比如禁止捕捞瓜螺属贝壳（一种在沙滩上被晾干的软体动物），发起了塞内加尔首次植树运动，建立了塞内加尔首个海洋保护区：科尔邦布。这位前持续发展及环境部部长、如今的海洋事务及渔业部部长的倡导，经受住了时间的考验。他在达喀尔海洋环境保护协会总部接待了我们，为请我们吃一顿黎巴嫩晚餐，他把见面时间约在晚上 10 点。

这位积极分子很快变成了践行者，他不仅要揭露这些现象，更要行动起来。2002 年，他萌生了建立社区式海洋保护

072

区的念头，在红树林①群落中设立一个保护区并全面禁渔，让鱼类可以在此繁殖生长。他对我们说："我们的经济提前预支了未来。渔民捕鱼是为了养活自己，为了上学，为了养家，鱼没了，他们就一无所有。"他的话语中带着苦涩，但非常现实。海洋群落环境保护协会委托发展研究学院（IRD）的科学家建立一个参照体系，用以对比海洋保护区建立前后的鱼类数量及种类的变化。

海达尔·阿里和海洋群落环境保护协会不希望这项计划只依靠经济资助。他们希望既能经济上自主运营，又能吸引公众参与。于是，他们在海洋保护组织总部附近的村庄里组织了辩

---

① 红树林这一生态多样性最丰富的生态系统正面临最为严峻的威胁。红树林是生长在热带地区海陆交界处的木本植物所组成的海岸沼泽生态系统，主要由长有高跷根的红树组成，树底部浸入半咸水（由来自海洋的咸水与来自河流三角洲地区的淡水混合而成）中。红树林具有多重生态功效。第一，红树林为大量水生和陆生物种提供了繁衍生息的场所，对保护生物多样性发挥着重要作用；第二，红树林过滤了源自陆地的河流，吸收了海水中的盐分，进而使得沿海地区的土地成为可耕地；第三，红树林能够保护海岸，使其免受海浪的冲刷侵蚀；第四，红树林的碳吸收率比热带雨林高出四倍；第五，红树林还是当地人生存和发展的支柱。长期以来，红树林被视为生产力低下且恶臭难闻的地带，成为土地竞争（人类发展、旅游、农业以及水产养殖等）的牺牲品。根据联合国粮食及农业组织（Food and Agriculture Organization of the United Nations，FAO）的统计数据显示，1980 年全球红树林的面积为 1880 万公顷，而 2005 年已减少到 1520 万公顷。参见 http://www.goodplanete.org/wp-content/uploads/2013/12/fiche-thema-mangrove-mail.pdf。

论，目的是让渔民们看到过度捕鱼所带来的环境与社会方面的严重后果，意识到保护赖以生存的环境所带来的益处。

2004年，塞内加尔总统颁布政令成立科尔邦布海洋保护区。政府一开始就强调公众参与和公众管理，海洋保护区边界由当地渔民决定。最终，渔民们一致决定，红树林保护区面积为7000公顷，宗旨是保护渔业及土地资源，以使其休养生息。

在一年半的时间里，这片区域由当地守林志愿者保护。接着，人们建立了生态旅游度假村，以保证项目在经济上能独立运营，也能增加当地经济收入。游客们通过赛加生态旅游协会或自助游，住到位于红树林中央的小木屋。这种小屋一共五间，就地取材建造，宽敞舒适，采用太阳能板供电，回收雨水作为日常用水。在这里，热爱大自然的游客们可以与蜥蜴同眠共枕，可以在星空下用葫芦瓢沐浴。度假村组织各种各样的活动，比如，由守林人引导，驾皮划艇欣赏红树林风光，划独木舟深入海洋保护区腹地，听守林人讲解他们的工作任务，在无人为设施的小路上散步，欣赏红树林里的丰富物种：巨大的苍鹭、灰色的鹈鹕、粉红色的火烈鸟、满身斑点的鬣狗、绿猴、白石斑鱼、海马、海豚等。如果运气好，还能看到当地的动物明星：海牛。自2013年起，为了引导孩子们从小懂得保护自然资源，度假村承办了"小小生态旅游学家"活动。

海洋保护区有6名守林人，他们曾经是渔民，如今成为环境保卫者。他们从瞭望台上监视着博龙水道入口（一条咸

图 1.3　马马杜·恩杜尔（Mamadou Ndour）
科尔邦布的守林人，在红树林中（塞内加尔，辛尼－萨卢姆）

水航道）。一旦有渔民妄图进入保护区捕鱼，这些守林人就会阻止他们，不是用武力而是耐心劝说。他们要对闯入者解释：如果不在这里捕鱼，让这片区域的鱼繁殖生长，那么他们会在保护区周边捕到更多的鱼，因为正是这片水域养育了附近的很多条博龙支流。今后从保护区游出去的 20 公斤重的梭鱼不会太少。

环境保护和社会影响

科尔邦布海洋保护区让当地居民从环境保护中长期获益。旅游度假村为他们带来的收益可以补偿他们为保护环境的付出。生态旅游度假村收入的 1/3 用于度假村运营（职工薪酬、设施维护等），另外 1/3 用于海洋保护区的运营维护（守林人的薪酬、巡逻船的燃料等），最后 1/3 用于周边 14 个村庄的发展。这里实行村民自治，由 14 个村庄选举出一个总的管理委员会。海洋群落环境保护协会为其提供技术支持。

科尔邦布海洋保护区的环境和社会影响，不仅得到了当地居民的承认，还获得了科学家的认可。2003 年至 2011 年间，发展研究学院、世界自然保护联盟（Union internationale pour la conservation de la nature，UICN）和渔业次区域委员会（CSRP）通过研究 [1] 得出以下结论：2003 年至 2011 年间，博龙水道中的本地特有物种发展迅速，出现了捕食型鱼类，导致了某些小型鱼类的自然减少，但鱼的个头却在增大，还有大量小鱼苗。研究表明，博龙水道的作用变了：原来这里是一个培育室，保护养育小鱼；现在则是提供养料，让那些大型捕食型鱼类有食物可吃。

科尔邦布海洋保护区是西非第一个海洋保护区，现在已然成为生态旅游和资源共治共管的标杆。很多非洲国家都以科尔邦布为学习榜样，如几内亚、佛得角、毛里塔尼亚以及冈比亚。

---

[1] 参见 http://horizon.documentation.ird.fr/exl-doc/pleins-textes/divers13-12/010060105.pdf。

076

德尔菲娜·罗伯（Delphine Robbe）
法国生态学家、吉利生态信任协会
（Gili Eco Trust）创始人
印度尼西亚，吉利群岛

印度尼西亚，吉利生态信任协会
马克

靠阳光救助的珊瑚礁

铺满细沙的沙滩、绿色的海水、椰子、蜜色的月亮……表面上看，吉利群岛的风景仿佛一首田园诗般美好。戴上呼吸面罩去水下看看吧。风景立刻暗淡下来：一条死去或变白的珊瑚像长长的带子环绕着这座被潜水者视为天堂的群岛[①]。吉利群岛由13500个岛屿组成，位于印度洋和太平洋的交汇处，拥有丰富多样的海洋生物。群岛位于巴厘岛东侧，是潜水者的胜地，潜水者可潜入水下欣赏各种珊瑚和鱼类（还有

---

① 珊瑚礁必不可少，但其生存状况堪忧。25%的珊瑚礁将遭到不可逆的毁坏，25%濒临死亡，25%健康状况受到威胁，仅有25%生长健康。参见 http://ec.europa.eu/environment/nature/biodiversity/economics/pdf/coral_ecosystems.pdf。

可致幻觉的蘑菇）。我们就在这里遇到了德尔菲娜·罗伯，法国生态学家，自 1992 年起就在为保护印度尼西亚的珊瑚而努力。她善于讲解，不仅向我们解释了她热爱珊瑚的理由，还展示了能让珊瑚再生的人工珊瑚礁技术（BioRock）[①]。

珊瑚是什么？

珊瑚是腔肠动物珊瑚虫的骨骼，由石灰质构成，珊瑚虫生活在海底，通常构成群落，与一些海洋微藻共生。这是一种被称为虫黄藻的藻类，能让珊瑚呈现出各种色彩。珊瑚同时具有动物、矿物和植物的特性，十分珍贵。

珊瑚的作用是什么？

珊瑚能够降低水的冲刷剥蚀，使海浪速度放缓。

[①] 这是一种低科技技术，人工珊瑚礁系统只需要少量的资金投入，且消耗的自然资源较少，可充分利用当地劳动力，制作工艺简单便捷，仅需几根钢制杆、数条电缆，外加几个小型光电池板便可完成。这是低科技的成功案例。所谓低科技，与高科技恰恰相反，后者更加复杂，需要消费更多的稀有资源，且很难循环利用。工程师菲利普·比胡克斯在其《低科技时代》一书中对这一新的创新方向提出了许多有趣的见解。菲利普·比胡克斯特别指出，人们普遍认为 3D 打印机、纳米生态技术以及智能能源网络等高科技生态技术能够挽救地球，但事实上这些技术同样存在缺陷和弊端。他经常举汽车的例子来论证自己的观点："这话可能不中听，但人们必须认识到唯一清洁环保的汽车就是自行车。"参见菲利普·比胡克斯（Philippe Bihouix），《低科技时代》（L'Âge des low- tech），塞伊出版社，2014 年。

在鱼繁殖期间，珊瑚为鱼提供食物和庇护所（25%的鱼在此生活）。

珊瑚上有一种藻类可以进行光合作用，产生氧气。

珊瑚吸收二氧化碳。

谁杀死了珊瑚？

气候变暖与海洋变暖对珊瑚有极大的影响，是珊瑚死亡以及白化的起因。

海洋污染（尤其是硝酸盐）也影响到珊瑚的生长。

毁灭性捕鱼，比如用炸药捕鱼，给珊瑚带来毁灭性打击。炸药捕鱼是指用玻璃瓶子制作一枚炸弹投入水里。当炸药爆炸，所有炸伤炸死的鱼会浮上水面，而珊瑚也会受到重创。

对捕食小鱼的大型鱼类，比如鲨鱼的过度捕捞，破坏了食物链的平衡。如果鲨鱼变得越来越少，以珊瑚为生的小鱼就会变得越来越多。

船只随意抛锚，会破坏珊瑚。

潜水者对珊瑚的踩踏，也会破坏珊瑚。

人工珊瑚礁技术

德尔菲娜·罗伯及吉利生态信任协会发展了让珊瑚再生的人工珊瑚礁技术。他们把一些金属架放入水下，架子上覆盖着从母体上取下来的珊瑚。架子全部通电，装在浮标上的太阳能板逐步释放电流（绿色能源），最近太阳能板换成了由洋流驱动的涡轮机（蓝色能源）。电流产生的电解作用让金属架外面覆盖上一层不溶解的矿物质，对这些提前固定好的珊瑚的繁殖生长很有益处。人工珊瑚技术可以让珊瑚礁生长的速度提高 2 ~ 6 倍。

　　吉利生态信任协会自 2004 使用了这项技术，如今已经有104 个金属架放置在吉利群岛周围。效果是显著的：作为捕鱼业活跃指标的石斑鱼又回来了，最近几年石斑鱼在这片区域几乎不见踪迹。要实施人工珊瑚礁技术，首先需要 800 欧元制作基础设备，加长电缆和金属架需要 150 欧元，太阳能板装置需要 1000 欧元。印尼政府不出一分钱资助，协会只能另寻他路。每位来吉利的潜水者都得交给潜水俱乐部 3 欧元的生态税，这笔钱将用于资助人工珊瑚礁技术实施和珊瑚保护。

　　人工珊瑚礁技术是由两位科学家汤姆·戈罗（Tom Goreau）和沃尔夫·希尔伯茨（Wolf Hilbertz）于 20 世纪 70 年代发明、发展并取得专利权的。如今，这个体系广泛应用在牙买加、巴拿马、马尔代夫、雅加达和印度尼西亚。

凯丽·科布（Kary Cobb）
约塞米蒂（Yosemite）国家公园管理员
美国，约塞米蒂国家公园

080

美国，约塞米蒂国家公园

马克

大众生态旅游

在我们对游客的环境保护教育、游客的环境保护认知与生态旅游三者之间找到平衡点，并不容易。

——凯丽·科布

从美国洛杉矶到旧金山，经过十天的辛苦旅行之后，我们想找个自然风景美丽的地方过圣诞节。我们选择去约塞米蒂国家公园露营几天，却被告知这个季节去露营并不是最佳选择。没关系，去看看不就知道了！结果，厚 1.5 米的积雪在公园里等着我们。从秘鲁开始，我们就把帽子扔在包里了，这时我们立刻掏出来戴上。公园管理员接待了我们，并提醒我们，如果要在帐篷里存放食物，要特别小心熊的攻击。他们指出要遵守垃圾分类规则，给了我们一系列资料，说明在公园里要如何保护环境。走进公园的小路，看到这里的动物与植物，我们惊讶极了。在这座遍布松树与巨杉的森林中，我们看到了狐狸、松鼠、鹿、狍子，还有各种鸟类。乍看之下一点人类的痕迹都没有。夜幕降临，三只獾站在我们的帐篷前，等着我们邀请它们进餐。圣诞节大餐虽然有点寒酸，但富有当地特色。在公园的餐厅里，我们三人吃了两个比萨，喝了一瓶加利福尼亚酒。节日期间，我们没有采访计划，但这片人迹罕见的森林大大刺激了我们的好奇心。公园管理员是怎样管理这个每年有 400 万人流量的森林呢？第二天，我们就找到凯丽·科布，一位年轻的公园管理员，她戴着帽子，是公园公共关系事务负责人。我们提出了心里的问题：我们能聊聊约塞米蒂国家公园的大众生态旅游吗？

在加利福尼亚内华达山脉中心，约塞米蒂国家公园占地 3000 平方公里。公园里的动物种类非常丰富：棕熊、郊狼、猞猁、美洲狮以及各种各样的候鸟。约塞米蒂国家公园因林肯总统颁布的一道政令，于 1864 年就停止了人为开发，并于 1890 年，获得了国家级公园的官方身份认证。这位年轻的公园管理员说："那时，美国没有生态旅游自然保护区①，大众生态旅游是个全新的概念，没人想到过。"一个世纪之后，约塞米蒂国家公园已是美国人流量最高的公园，成为大众生态旅游领域中的先锋。每年美国国会拨款 3000 万美元资助约塞米蒂国家公园②。

微妙的平衡

公园占地的 96% 受到完全保护，这些原始地区没有建造任何设施，进去的唯一办法就是步行。这里没有任何人类活动的踪迹。开放给游客的 5% 的区域，其环境管理由 700~1200 名雇自当地的公园管理员严格执行。现在公园管理最大的问题就是旅游高峰期的道路交通。每年都有熊被司机

---

① 保护区有何作用？为保护区域内的生物多样性，各国纷纷划定保护区。目前，全球共有超过 12 万个保护区，占陆地总面积的 14%。世界自然保护联盟明确指出了保护区的重要作用："对世界各国家和地区来说，建立保护区是更好地保护生态多样性、改善人民大众（特别是当地人）的生活条件，从而减轻贫困状况的最经济节约的措施……保护区对减轻和适应气候变化的作用越来越为人所熟知：据估计，全球所有保护区至少可储存地球碳含量的 15%。"参见 http://www.iucn.org/fr/propos/travail/programmes/aires_protegees/a_propos_des_aires_protegees/。

② 约塞米蒂国家公园是大自然中的课堂，通过与多所学校展开合作，学生们可以在公园中上课，学习生态环境、生物学、植物学以及动物学知识。

撞伤或者撞死。为了解决这个问题，公园鼓励游客使用油电混合动力的免费摆渡车，这些摆渡车既疏导了交通，又降低了噪声，还减少了90%的二氧化碳气体排放，节省了40%的汽油燃料。草地沿边种植了树木，避免游客在此停车。

垃圾管理也是一大问题，尤其在旅游高峰期。从游客一进门，公园就开始教游客使用分类垃圾桶，动员他们把垃圾带回家。这样，公园里35%的垃圾得以回收，有机垃圾在1小时后就被压碎，用作花园里的肥料。公园餐厅里烹饪用过的油会经过处理被转化成生物柴油。

为了减少对自然环境的破坏，减少草地退化，公园管理者规定了可行走的区域，建造了铺设了木板的小路。木板路与四周环境完美地结合在一起。

公园管理者不会主动扑灭森林火灾，而是留给大自然处理。公园进行的研究表明：自然引发的森林大火，若火势可控，对森林是有益的。所以，在约塞米蒂国家公园，如果火是由自然原因引发的，比如雷电，或者大火所在区域不会威胁游客的人身安全，那么公园管理员将不予干涉。凯丽说："我们知道，火对森林来说是非常有益的：能让森林恢复活力、净化土壤，森林因此变得不会过于浓密，阳光可以照射进来，植物及动物得以延续。没有火，森林很快就会生病。"我们离开公园后，一场大火吞噬了约塞米蒂国家公园10万公顷森林，但这次是人为原因。

公园要面对的挑战是在日渐增加的人流量与保护当地生物多样性之间找到平衡。是不是应该把自然完全隔离起来，不管人们是不是受过教导都不让他们接触自然？如果完全隔离，不让人们接触自然，就没法让人们亲近自然，也就不知道如何保护自然。与此相反，如果不把人与自然隔离，而是控制旅游人数、管理交通设施、设置相应的垃圾回收制度、招聘合格的当地管理人员教育游客尊重环境[1]，这些似乎才是答案。我们与凯丽的谈话正结束在这个主题上："在我们对游客的环境保护教育、游客的环境保护认知与生态旅游三者之间找到平衡点，并不容易。我们努力提供机会，让游客们能够在像约塞米蒂这样的国家公园里欣赏大自然，同时告诉他们如何减少对环境的影响。"

---

[1] 约塞米蒂国家公园的另一项宣传策略是鼓励游客为保护公园做出贡献。每年，数千名志愿者来到这里，为消除入侵植物和划定徒步旅行线路贡献自己的力量。

2

城市规划、居住环境、能源、
循环经济和协作消费

产权、城市规划、生态住宅

安德烈·阿勒布格（Andre Albuberque）
特拉诺瓦（Terra Nova）公司创始人
巴西，库里提巴（Curitiba）

巴西，特拉诺瓦公司

马克

贫民窟的调解员

驱动一个社会企业家创业的是他的热情而不是理智。创业之后他才会开始设计商业计划，让公司盈利。

——安德烈·阿勒布格[1]

当安东尼奥·布兰道（Antonio Brandao）二十年前来到库

---

[1] 安德烈·阿勒布格从小就是一个优秀的调解员。他曾经与"和平之城"组织（City of Peace）的一些重要成员交往密切，之后他获得了法律、城市规划和环境专业文凭。作为履职于省政府的律师，他曾经负责调解土地产权人和非法建房者之间的冲突，但是他的工作却难见成效。而在此之间，安德烈·阿勒布格发现了自己对调解工作的热情和潜质，因此他决定创业，之后才开始考虑公司未来的盈利可能。

里提巴的一小片贫民窟时，那里的破房顶上盖着铁皮，没有街道，不通水电。很快，他和邻居们被勒令离开，土地产权方要求收回这块地。安东尼拒绝离开，并坚持向省政府上诉、向州政府上诉，甚至上诉到联邦政府。他说："政府对我们的事根本不感兴趣，其实就是对我们这个社会阶层毫不关心。"这种情况一直持续到他遇到特拉诺瓦公司。在他结实的新房子里，成为房主的安东尼非常骄傲地向我们展示了他的房产证，激动地对我们说："现在，我是房主了。看，我们现在有了街道、下水管道、完备的生活设施，甚至要修柏油马路了。"

20 个巴西人里就有 1 个住在贫民区。[①] 贫民区的名声实在太差，很多人把它和暴力、毒品、贫穷、驱逐联系在一起。贫民区是一片简陋的房屋，一般位于市郊或小山丘的斜坡上，巴西所有人口超过 50 万的城市都有贫民区。20 世纪 70 年代，

---

① WiFU 计划一瞥：我们花了两天的时间，从巴黎来到了里约的佩雷拉贫民区（Pereroa）。它位于圣特雷莎区（Santa Teresa）以北，在被公认为安全的里约南部地区。里约有 1/4 的人口居住在贫民区里。我们要区分里约南部和北部地区的贫民区，南部的贫民区靠近海滩、相对安全、基础设施相对完善，而北部贫民区的情况就不一样了。尽管贫民区的声誉并不好，但我们在这里也没有不安全的感觉。可见，巴西前总统卢拉（任期为 2003—2010 年）推动的贫民区安全建设初见成效。如果忽略拿着对讲机分区巡逻的警察、我们返回旅馆需要攀爬的 500 级阶梯以及不断被烟火打破的黑夜，贫民区与别的街区也没有什么不同。此外，贫民区的居民还能看到里约最美的全景，而中产阶级则挤在海边的高楼中。

一大批农村人口涌入城市，没地方可住，就挤在市郊的私人或公共的土地上。具体数据很难统计，但是，根据 2000 年巴西联邦政府的一项调查显示，有 1230 万巴西人居住在贫民区里。贫民区居民失业率很高，几乎不可能贷款。他们连最基本的生活服务都没有：垃圾处理、供水、通电、邮局、公共交通等都没有。媒体热衷报道的毒品与安全问题，加剧了贫民区与城市其他部分的隔离，虽然巴西前总统卢拉推进的贫民区重建计划似乎初见成效，但还远远不够，贫民区的居民们仍生活在被驱逐的担忧之中。

我们乘库里提巴的高架地铁来到一幢有几十层高的大楼前，这里就是特拉诺瓦公司的所在地。

持久且彻底的产权解决办法

安德烈·阿勒布格，特拉诺瓦的创始人提醒我们：贫民区的形成并非巴西的独有现象，而是所有发展中国家的特征。他说："现在，南部地区问题很多，大都来自贫民区。"历届政府都会没收贫民区居民的房子，但是这个过程耗时费钱、收效甚微。另外，这些法律诉讼都是单边进行的，因为违建者根本负担不起诉讼费用。

在此背景下，安德烈律师创立了一家企业，基于一种新型的调解方式，他很快解决了违建者、土地产权方和市政府之间的矛盾。他提出的这套方法，一方面，能够解决产权纷争；另一方面，还能在贫民区建造基础设施，推动民众参与，实现共同发展。

他究竟做了什么呢？当土地产权方要驱赶违建者，与贫民窟产生冲突时，社区可以求助于特拉诺瓦公司。公司会与贫民窟居民们见面，建议他们组成社区委员会。在调停过程中，委员会是与市政府及土地产权方对话的法律代表。安德烈说："这时我们的工作重心是让产权方了解到居民们拥有一张房产证是多么必要，让居民们认识到对于所失去的土地产权方有权获得赔偿。如果双方能够接受，解决办法就是让产权方出让土地——如有必要——出让房屋给违建者。"通过与社区协商，根据每个家庭的经济能力，产权方给出每平方土地的价格及分期付款日期。安德烈说："我们一般平均需要半年到一年的时间解决。如果是政府的话，这事一般要拖20~30 年，居民们才能拿到房产证。"

除了调解，特拉诺瓦公司还为贫民窟社区带来了贷款方案，使他们能够每月交得起赔偿款。赔偿款的期限一般是5 ~ 10 年，根据不同家庭的经济能力而定。安德烈说："几乎所有人都会按时还款，因为他们的梦想就是能够成为房主，并把房子传给下一代。"50% 的赔偿款给到土地产权方，40% 的款项给到特拉诺瓦，维持公司运营，还有 10% 的款项捐给社区，用以发展福利保障及建设基础设施（排水系统、通电等）。

违建者、土地产权方和市政府，三方共赢

产权方的这部分财产本来都要失去了，现在却能从中得到收益。市政府可以投资城市贫民区的发展建设，规避了大规模驱逐——费钱且易引发暴力冲突。早先的违建者则变身为房主，不仅可贷款，还能满足家人的基本需求。他们的土地，因市政府在此建设基础设施，均价上涨了30%。通过亲自参与冲突解决，贫民区的居民们也体会到了尊严。

自2001年以来，特拉诺瓦的方法惠及巴西5个州、28个贫民窟和1万个巴西家庭。由安德烈发起的基于地方法律法规的调解方法摘得了巴西及国际大奖，特别是联合国大奖。安德烈说："这个模式同样可以在其他国家推行，当然，如果当地法律允许此类调解方式，落实过程本身将简单许多。"安德烈在逐步推进这个模式，并期待能推广到巴西以外的国家。"自从我创立了特拉诺瓦以来，我就一直对自己说，只剩两个月了，然后我就一步步地向前推进。如果我只看到所有即将遇到的困难，我想我没有办法前进。我努力设想全世界都在一起努力向前推进这个项目。"

安德烈还特别关注因公共基础设施建设而导致的人口驱逐。2008年，朗多尼亚州（Rondônia）在建的美国圣安东尼奥（San Antonio）水力发电站因建设用地导致住户外迁，安德烈来到这里，解决这些家庭与水电站的冲突。最终住户还

图 2.1　北区贫民窟（巴西里约热内卢）

是搬迁了，但获得了经济赔偿，拿到了房产证。因为在这方面经验丰富，安德烈又创立了"重建人类生存环境"（Renascer Reassentamento Humano，RRH），公司主营业务就是解决违建者与铁路、矿场和风力发电等公共建设部门之间的冲突。尽管获得了如此大的成功，安德烈仍旧非常谦虚："其实，特拉诺瓦是一味催化剂。我们让流程更便捷，但改变的力量都来自贫民窟本身。这种方法是可持久的，因为方案依赖的不是政府，也不是外部的机制。"

莱妮·玛丽（Leny Mary）
库里提巴市环境局秘书长
巴西，库里提巴

巴西，库里提巴市政府
马克

可持续发展先锋城市

城市不是麻烦，而是生活的解决方案。

——热姆·勒纳（Jaime Lerner）

库里提巴建筑师及城市规划师

去过了热闹的里约热内卢、喧嚣的圣保罗，欣赏了有着美丽沙滩的帕拉提（Paraty），再看库里提巴 ①，它就像南美工业世

---

① 1992年，库里提巴加入了《21世纪议程》（Agendao 21），是全球最早加入该议程的城市之一。这个议程于1992年在巴西里约热内卢召开的联合国环境与发展大会上获得178个国家表决通过。它是面向21世纪的行动计划，为决心开启可持续发展进程的地区提出了建议。

界中的一颗明珠。相对保守的民众、现代的交通、摩天大楼，对于我们三位离开欧洲才三个星期，寻找可持续发展方案，但也期待感受异国情调的欧洲人来说，库里提巴的城市规划太过规整有序。我们从圣保罗出发，坐了一宿的客车，去拜访那些把库里提巴建造成拉丁美洲可持续发展标杆城市的人。

库里提巴是巴拉那州首府、巴西第八大城市，位于巴西工业化程度最高的地区中心。库里提巴被称为"巴西环保之都"，1990 年被联合国授予"最适宜人类居住的城市"称号，至今在城市可持续发展规划上依然大幅领先于其他城市。像南美洲其他城市一样，库里提巴需要管理城市发展速度以适应人口的快速增长。

巴西在 20 世纪初曾接收过大量日本移民，克美广野（Kazumi Hirono）就是那个时期的移民后代。作为库里提巴市政府公共关系事务负责人，她已经习惯接待记者。她为我们精心设计了一份紧凑的日程安排。在去往第一个目的地的小型公交车上，她开始向我们介绍她敬爱的热姆·勒纳，一位有远见的建筑师和城市规划师，是他在 20 世纪七八十年代勾画出库里提巴的城市发展蓝图。热姆·勒纳三次当选为库里提巴市长，他喜欢把库里提巴比喻成一只乌龟：出行、安全、工作组成的龟壳图形即城市结构。"如果我们把龟壳一切为二，乌龟就会死掉。这就是很多城市现在的样子：人们在这边工作，在另外一边居住，悠闲娱乐要去更远的地方。"

95% 的库里提巴人乘坐公共交通工具。交通是城市规划政策的基石。公交网的建造从整体角度出发，按照"住所—工作场所—生活场所"建造，整体线路长 80 公里，五条交通主干线仅供公交行驶。另外，每 22 秒就有一班地上城铁驶出，每天运载人次达 2200 万。为了鼓励住在郊区的民众使用公共交通，地铁票只设一个价位。"因为我们没有额外的预算，我们就得创新，以地上城铁为标杆，建造较为便宜的交通网络。"根据两位美国研究员的调查，库里提巴交通网每公里造价 20 万美元，而传统的那种架设在高架桥上的空中城铁每公里造价 6000 万～7000 万美元。

周边公共服务

为了减轻市中心的交通拥堵，解决市中心与郊区的往返问题，库里提巴选择公共服务去中心化：在公共交通终点站的附近，设置了"公民大道"，完全由社会委员会负责管理。这些宽阔的人行道把公共基础服务集中在一起，比如就业服务中心、房产服务中心、社会保障中心、小商铺和运动场所。①

---

① 文化方面也考虑到了，库里提巴在75个街区都设置了"知识灯塔"。这是一种灯塔外形的图书馆，为市民免费提供书籍借阅、视频观看和上网服务。

人均绿化面积 55 平方米

在库里提巴，摩天大楼旁就是绿树。"多亏了绿地和种植当地植物，我们成功地稳定住了二氧化碳值并减少了温室效应气体的排放，尤其是改善了居民的生活质量。"充满活力的莱妮·玛丽对我们说道，她是库里提巴环境局发言人。她非常骄傲地解释道，库里提巴人均绿化面积达 55 平方米，而联合国建议的人均绿化面积只有 16 平方米。实际上，库里提巴有很多公园，公园和公园之间由生态环保走廊连接。自 2007 年起，那些拥有丰富多样的物种的土地，如果产权方同意不在此大兴土木，便会得到政府的补偿。当然，他们的建造权也可以转移，在不会破坏生态系统的土地上搞建设。

人人参与的垃圾管理

在库里提巴市中心，垃圾的分类回收非常高效，但在郊区，效果并不明显。莱妮说："我们需要民众的支持，没有民众的支持和共建，垃圾分类不会成为公共政策。"库里提巴在这方面做出了创新，通过绿色空间（Campo Verde）计划，民众参与到垃圾管理中。卡车每周两次穿过郊区的街道，收集居民分类好的垃圾，每收集到 4 公斤垃圾就提供 1 公斤水果的回馈。这些水果是小户农民生产的剩余部分，对他们来说，这等于多了一个产品的销路。这一做法成果显著：库里提巴 24% 的垃圾被重新回收，而整个巴西所有城市的垃圾回收平均水平是 5%。[①]

库里提巴充满魅力，库里提巴让人着迷，但是库里提巴不堪重负。它付出了巨大努力，但最近几年却似乎成为其成功的负累。这个城市的人口在 25 年内翻了 3 倍，公共交通难以消化持续增长的人口数量，出现了严重的交通拥堵。这座"适宜人类居住的城市"在公共交通方面继续创新，一条运行速度更快的新地铁线正在建设中。污水排放系统同样也面临饱和，城市南部不发达地区出现了一些裸露在外的排水管道。尽管库里提巴依然是巴西生活质量最高的城市之一，但是根据墨西哥的一个非政府组织统计，库里提巴已经在全球最危险的城市中排名第 39 位。城市南部的贫民窟不断扩张，贫穷现象日益严重。

城市规划师热姆·勒纳当初设计库里提巴的时候，是按目前城市 1/3 的人口数量设计的。现在，这座模范城市开始

---

① 来源：http://www.lysias-avocats.com/fr/acutalites/curitiba-br%C3%A9sil-%C3%Ao-la-recherche-dun-d%C3%A9veloppement-durable et http://lepetitjournal.com/sao-paulo/62865-environnement-les-dechets-et-le-recyclage-au-bresil.html。

感受到相邻城市里约热内卢和圣保罗[①]的痛苦，但它仍旧是拉丁美洲及世界其他城市在可持续发展方面的榜样。热姆·勒纳认为："城市不是麻烦，而是生活的解决方案。"根据他的观点，库里提巴是应该继续发展，还是应该减缓发展呢？我们衷心希望这位有远见的建筑师是对的，因为到 2050 年，世界人口中的 75% 将成为城市人口。

---

① 参见 http://mondaecplanete.blog.lemonde.fr/2014/03/27/au-bresil-curitiba-lex-ville-modele-damerique-latine-peine-a-se-reinventer/。

玛莲·卡普坦（Marleen Kaptein）
库莱堡朗克斯梅尔生态住宅区发起者
荷兰，库莱堡

荷兰，库莱堡朗克斯梅尔生态住宅区
雷米、奥利

参与，可行

成功的关键，是协商。

——玛莲·卡普坦

在历经了几小时具有荷兰特色的交通拥堵之后，我们终于到达了库莱堡朗克斯梅尔（Culemborg Lanxmeer）生态住宅区，住宅区坐落在库莱堡市南边。在去找玛莲·卡普坦的路上，我们看到了两侧是美丽花园的小路，几幢彩色的建筑，充满创意的房屋，无论从设计上还是生态环保材料的选择上都非常恰当。阴暗的天空下，鲜艳的色彩让人心情愉快。在这个离市中心 5 分钟路程、住着 900 位住户的住宅区里，人类与自然和谐共处。这项生态住宅计划始于20世纪90年代，由玛莲·卡普坦发起，她希望可以实现当时政府的主张，并向公众证明：落实具体可行的方案解决社会问题，是行得通的。

在荷兰，对于大部分参与者尤其是公众来说，环境保护行动方案抱负宏大却抽象模糊。政府向公众做了大量的宣传动员（比如"拥有健康的环境就从你开始！"），却并没有提供相应的工具。每个人在自己的能力范围内，应该如何参与去实现这些目标呢？玛莲·卡普坦对此做出了具体回答。

玛莲五十多岁，曾经住在阿姆斯特丹。她之前在剧院工作，后来进入建筑及城市规划领域，秉承的理念是永续生活设计①。玛莲非常熟悉此领域的专业人士。其中有十几位对建造生态住宅区的想法很感兴趣，于是加入到团队中，参与创立了 EVA（教育、信息及咨询生态环保中心）这一方案。方案最重要的部分是：城市规划融合建筑及环境，城市管理需考量用水问题，把城市当成一个代谢有序的有机体，落实能源解决方案，特别重要的是公众要参与其中。

---

① 永续生活设计（permaculture）是一种关于人类耕作、居所和农业系统设计的理念。它基于生态学的原则和传统社会的知识再现自然生态系统的多样性、稳定性和抗打击性。参见 http://www.permaculture.fr/。

水、能源、交通、教育：整体配套解决方案

1994 年，玛莲创立了 EVA 基金会，通过当地媒体报道和团队组织的聚会，共聚集了 80 个家庭。库莱堡市对这种参与形式很感兴趣，决定把一块自 1920 年就开始使用的集水地出让给基金会使用。四年后，规划设计好了，这既是由未来的住户们设计的，也是为未来的住户们设计的。

鉴于库莱堡朗克斯梅尔住宅区的位置，水管理是需要首先考虑的问题。这里的设计都是为了过滤土壤中的雨水。脏水由植物净化后（通过树木及芦苇）汇集到住宅区的特定水池中。厕所废水另行收集，粪便用来制作生物燃料。

能源方面，住宅区如今已经实现自给自足。在设计时，业主们就基于生物气候建筑理念使用环保材料力求实现最好的隔热保暖效果。建筑师运用他们丰富的想象力，设计了很多房屋。我们看到有些房子是用玻璃和各类金属建造的，有些屋顶上用的是茅草。这充分证明了生态环保的形式并非单一的。地热、风能、太阳能都体现在住宅区的能源供应形式中。

为了管理电能，有能源领域工作经历的住户们成立了一个合作小组。所有人都可以参与，每个人都可以贡献自己的力量。

出行管理是住宅区的另一个重点。我们遇到一位在住宅

区工作、生活了十年的住户，他对我们说："停车场在住宅区的外面。这样，住宅区就是一个真正的生活空间，而非停车的地方。这就为花园留出了空间，孩子们可以在外面玩耍。另外，我们还有拼车系统，没车的人可以组织起来拼车。住宅区离火车站 5 分钟，位置真的非常好。"

住宅区的住户们还考虑到了教育这个方面。住宅区建了 3 个幼儿园，而且教育质量非常有保证。教学因循施泰纳（Steiner）[①] 及蒙特梭利（Montessori）[②] 的教学理念。还有什么能比把环保生态这一理念传给下一代更好的呢？

如今，在这 24 公顷土地上，有 300 幢住宅，其中社会福利廉租住宅占 30%、办公区有 4 万平方米，900 人在此生活和工作，还有几十人在排队等候入住。

一位住户，一个声音

住宅区的运转依靠大家的力量，所有住户都可以参与住

---

① 施泰纳·华德福教育学，基于鲁道夫·施泰纳（Rudolf Steiner，1861—1925）的教育理念。他创立了人智学理论，将此理论称为"知识之路"，目的是"重建人与精神世界的关联"。

② 蒙特梭利教育学，相较于所谓的封闭式或传统式教育，是一种所谓的开放式教育方法，比如师生互教互授。这一教育理论注重孩子的感官及运动器官的发育与发展。蒙特梭利教育理念认为，教育是"生活的辅助"。

宅区的治理：生态农场、维护公共花园和其他公共场所等。
玛莲给我们讲了这样一个细节：在当初拿到这片地的时候，
供水公司要把几十棵苹果树给砍了，他们担心没人会管这些
树。但是，居民们组织起来照管这些苹果树。现在，业主委
员会每年都在苹果丰收季时组织摘苹果（15吨），还组织大
家把苹果制作成苹果汁或苹果派。

什么人住在这个住宅区里呢？这个住宅区是给中产阶级
准备的吗？一开始住进来的主要是玛莲组织的这些项目的参
与者，但当地的报道和聚会让更多不同的人加入进来。库莱
堡市有要求，住宅区的房价要和当地市场价齐平，30%的住
宅要作为社会福利廉租住宅使用。同时，也考虑到各个年龄
阶段的人加入：住宅区里的学校吸引了有孩子的年轻夫妇，
住宅区还为退休的老年人专门准备了一幢建筑，他们在这里
自主安排自己的生活。

这就是通过集思广益由公众参与创造的库莱堡朗克斯梅
尔生态住宅区：居住环境、生物多样性、食物、交通、水电
等能源管理……所有这一切都是以公众参与的方式设计实现
的。像所有创意一样，合作者至关重要：如果没有库莱堡市
对此的大力支持，这个方案肯定不会达到目前的发展规模，
当然除此之外，还有其他合作者贡献力量。但玛莲说，最关

键的因素是"自下而上"相信群众的智慧而不依赖政府。

当然，并非一切都一帆风顺，还是有一些日常困难要解决的。玛莲说，住宅区里并非没有冲突："管理冲突的方法不尽相同，因为大家都互相认识，需要共同决策。"那么，住宅区 [1] 的未来发展计划是怎样的呢？玛莲笑着说："住户们想做什么发展计划，就是什么。"

---

[1] "法国何时才会有一个库莱堡？在法国，一些市民希望以生态、团结和摒弃市场的思想来建设他们的住所和街区，并提出了居民合作计划，这种想法在全国范围内获得了响应。但是有一个问题：这种集体所有、共同管理的模式虽然在瑞士、丹麦和加拿大魁北克很常见，但是法国 1971 年的夏朗东（Chalandon）法案禁止了这种模式。因此，要改变城市的模式并不简单。"参见《世界报》（*Le Monde*），2009 年 8 月 20 日，http://www.lemonde.fr/societe/article/2009/08/20/une-ville-sur-me-sure_1230249_3224.html#cEpSOTVlwltGwwpB.99。

能源

皮埃尔－伊夫·德特雷（Pierre-Yves Detré）
恩奈科普（Enercoop）电力股份合作公司公关部负责人
法国，巴黎

法国，恩奈科普电力股份合作公司

西尔万

法国没有石油，但我们有恩奈科普！

我们认为我们能够告诉那些决定放弃核能或者不会使用核能的国家，通过发展可再生能源，确保经济发展，创造就业机会，促进经济繁荣，是完全可行的。

——安格拉·默克尔（Angela Merkel），德国总理

你知道法国供电商是可以更换的吗？ ① 如果你知道，那你可是位行家，因为这条对消费者来说至关重要的信息，很少

---

① 据2013年能源信息（Energie-info），只有1/2的法国人知道他们可以更改供电商。

被政府提及。这就解释了为什么这些新供电商很难拥有超过 7% 的消费者。[1] 另外还有一种解释，根本上是由于新供电商提供的电由市场定价，而法国国家电力公司提供的电，其价格受政府管制，两相比较，前者没有任何优势。人为保持电价低位运行，与法国大力支持核能是分不开的。核能占法国能源生产总量的 75%。这种保守行为的结果就是：法国的能源生产并没有发生向可再生能源的大型转变。传统的供电商在市场上一直保有压倒性占有率。这与我们刚刚提到的支持核能的文化是紧密相关的。在地缘政治的紧张态势下，能源危机及气候变化让这种对化石能源的高度依赖变得暗藏危机重复。从此法国在欧洲各国中成为一个错误的示范。据 2014 年数据统计，法国仅有 15% 的电力生产来自可再生能源，原本计划于 2010 年达到 21%。

海上石油钻井平台、EPR 压水反应堆[2]、页岩压裂等，世界范围内，大型核能及化石能源项目并不罕见。但是，这些项目对环境存在潜在威胁，而且极度依赖科技和政府财政补助，不需要大规模劳动力（建筑领域除外）。这些项目被认为可以替代即将枯竭的石油资源。为此，一个名为"过渡期"

---

[1] 该数据于 2012 年由住宅能源调节委员会（la Commission de régulation de l'énergie pour le résidentiel）发布。

[2] EPR，欧洲压水反应堆（réacteur pressurisé européen）的简称。

的运动浪潮在世界各地兴起。在法国，作为新电力供应商之一的恩奈科普就是这运动的代表。恩奈特普的计划是全部电力供应 100% 使用清洁能源、电厂外迁，以群众利益为本，提供就业岗位。

能源的重新整合

我们拜访恩奈科普公司位于巴黎的厂区时，接待我们的是公司负责公关工作的皮埃尔－伊夫·德特雷，他刚刚年满30 岁，采访氛围轻松愉快。

让我们暂时将目光从巴黎转移到莱茵河畔（只此一次，下不为例），因为法国人此项"创举"的灵感其实来源于德国。1999 年，格哈特·施罗德（Gerhard Schröder）领导的红绿联盟[①] 执政，非政府环保组织绿色和平（Greenpeace）发起运动呼吁使用可再生能源，此举获得了巨大的舆论支持。在此基础上，绿色和平组织决定在德国创建首个 100% 可再生能源电力企业：绿色和平能源（Greenpeace Energy）。十五年后，绿色和能源在德国的用户数量已达 11 万人。绿色和平组织通过对现行能源政策提出意见和建议，呼吁放弃使用核电站与

---

① 红绿联盟是由德国社会民主党（le parti social-démocrate d'Allemagne, SPD）和联盟 90/ 绿党（Alliance 90/les Verts，1993 年前只有绿党）组成的。红色为德国社会民主党代表色，而绿色为生态主义政党代表色。

110　火电厂提供的电力，同时还向社会证明了只生产并使用"清洁"电力的可行性 ①。

与此同时，法国人在此问题上则显得固执保守

出人意料的是，原本支持借鉴采用德国模式的法国政府——法国议会讨论中经常列举德国成功的范例——在能源方面却显得畏缩不前。日本福岛第一核电站事故发生后，德国总理安格拉·默克尔立即决定实施去核化政策，而法国政界人士很少有默克尔那样的政治勇气，因此很少像德国那样采取具有历史性意义的政策措施。在此期间，虽然法国国内可再生能源取得了一定的发展，但能源消费需求量的增长（大多由核能发电供给）以及改革的政治意愿不足，则使得可再生能源无法在能源组合中占据更大的比重。这引起了生态主义者的强烈反对，并促使他们行动起来。

---

① 德国是一个榜样吗？2011 年 3 月的日本福岛地震引起了世界的不安，同时也让物理学家、德国总理安格拉·默克尔相信了国家在控制核能风险方面的无力。短短 3 个月的时间里，她就关停了德国最早的 8 座核反应堆，随后签署法案，决定于 2022 年前关闭所有核电站。对德国这个世界第四大经济体来说，这是一个历史性转变。在 2012 年 5 月，由于一些合作项目的实施（20 个合作公司相继模仿"绿色和平能源"的模式），德国的太阳能发电量第一次达到了具有象征意义的 20000 兆瓦（相当于 20 个核电站的输电量，比 2011 年 3 月前德国全国核电站总数还多 3 个）。德国也成为全球太阳能发电第一大国。

信息技术工程师帕特里克·贝姆（Patrick Behm）是法国绿色和平组织的志愿者，其父亲是美国电影编剧。2004 年，迫于欧盟及其制定的反垄断条例的压力，法国政府开放电力市场，引入竞争。特里克·贝姆对绿色和平组织在德国所取得的成功感到十分钦佩，于是决定将这一模式引入法国。他放弃了在大型集团的工作岗位，转而与和他有着同样想法的法国绿色和平组织、国际环保组织地球之友（les Amis de la Terre）、新经济基金会（NEF）以及生态食品销售连锁企业Biocoop 等行业参与者联合起来，共同创立了恩奈科普项目。

尽管遭遇到法律层面的困难和文化方面的抵触，他们还是于 2005 年以集体股份合作企业（Société coopérative d'intérêt collectif，SCIC）的形式建立了恩奈科普公司 [1]，帕特里克·贝姆担任领导和管理工作。他强调，公司必须实现经济的正常运转："我们并非一味追求利润，但是我始终认为我们一定要通过盈利来证明此模式是可行的。"恩奈科普公司主要采取合作形式经营，一方面有助于保证盈利，另一方面可以督促公司每年将一半以上的利润重新投入到社会性项目中来。恩奈

---

① 恩奈科普公司不以营利为目的。在恩奈科普公司，若持有价值约100 欧元的股权便可对公司的决策做出影响。公司将各个相关方以团体的形式联系起来（生产者、消费者、职工、项目负责人、合作方和当地社团），每个团体都在公司董事会拥有席位，参与公司管理和电网发展相关的决策制定。

科普公司借鉴了德国绿色和平能源的发展模式，逐渐正常运转起来，并获得了极高的社会附加值。

然而，该项目不断地遇到困难。恩奈科普公司的现状与德国绿色和平能源有所不同，因为在法国，各家运营商都需要使用法国电网输送公司（Électricité Réseau Distribution France，ERDF）的输电网络来运输电力，而 77% 的核电便是通过该直流网络运输的。帕特里克·贝姆及合伙人尝试统一通过短渠道进行电力生产和销售。德特雷告诉我们，电子"永远都走最短的线路"，我们只需要逐步在各个大区建立合作网络，来拉近电力生产者与"责任消费者"之间的距离。2009 年，香槟 – 阿登大区（Champagne-Ardenne）成立了首个大区"清洁"电力合作公司。随后，罗纳 – 阿尔卑斯大区（Rhône-Alpes）、北部 – 加来海峡大区（Nord-Pas-de-Calais）、朗格多克 – 鲁西永大区（Languedoc-Roussillon）、阿基坦大区（Aquitaine）、普罗旺斯 – 阿尔卑斯 – 蓝色海岸大区（Provence-Alpes-Côte d'Azur，PACA）以及布列塔尼大区（Bretagne），纷纷建立大区合作公司。还有三个大区正在筹建过程中。恩奈科普公司只是供电商，而各大区要建立的是发电企业。

尽管采取了各种措施来促进可持续能源电量供应的增长，但这些发电项目仍是以失败告终。其原因是，恩奈科普公司只是供电商，本身并不产电，而是依靠从可再生能源发电企业手中收购电力再转卖出去。然而，使用可再生能源产电的电厂数量并不多，他们有时也会将电销售给传统的供电商。那么，该如何创建由群众集资的新型电力生产项目呢？2011年11月，恩奈科普公司创办了共享能源（Énergie Partagée）公司。该民众集体项目——当时尚未有同类型项目——通过征集群众资金（以集体入股的形式实现）投资建设太阳能、风能、生物能发电厂以及小型水利发电厂。从此，民众拥有了属于自己的生态环保投资基金。

电力责任消费者

现年47岁的让－路易（Jean-Louis）是塞纳－圣丹尼省（Seine-Saint-Denis）一所大学的语言学副教授，作为恩奈科普公司的早期客户，他对我们说："我2007年买下了一幢公寓，当时正值法国政府向民营企业开放电力市场。起初我被指定购买法国电力公司的电能，但我很快转向恩奈科普公司。"让－路易究竟为何这么做呢？原因有二，一是道德规范，二是生态环保。当我们提出恩奈科普公司电价过高（恩奈科普公司电价比传统运营商电价贵约20%）的弊端时，让－路易则说："我并不想纠结于电价是否便宜，我所在乎的主要是我是否将钱花在了正确的地方。当今社会，很多人正在失去独立思考能力，变得幼稚，而我的想法是要重新掌握自己的命运。"在使用恩奈科普公司的电力一年后，让－路易决定由单纯的恩奈科普公司客户转而成为持有该公司股份的成员。

他告诉我们："我终于明白，参加这一项目的唯一方法，不能仅仅做消费者、顾客，还要做企业的合伙人。民众将少量资金投入到该项目，以维持其正常运转。这是基层民主的一种表现形式。"如今，超过 15000 名与让－路易持相同观念的自然人和法人作为成员持有该项目的股份。①

刚刚年满 25 岁的阿曼汀（Amandine）是"素食爱好者"（Vegan Folie's）生态糕点店的创始人及经理，销售由 100% 绿色植物食材制作的糕点，同时她也是恩奈科普公司的持股会员。她在糕点店接受了我们的采访。对她来说，既然创立了这家巴黎穆费塔街上从未有过的生态糕点店，那么加入恩奈科普公司项目便成为"自然而然的事情"，甚至可以说，这是关乎是否"一致"的问题。阿曼汀参与这一项目与经济收益完全无关，她说："这并不会为我招揽更多的顾客，因为许多人并不知道国家已经对民营企业开放电力市场，许多人根本不知道恩奈科普公司，还有一些人更加倾向于使用核电。"在阿曼汀看来，进行"责任消费"是引起相关部门关注的最

---

① "共享能源"的股东是什么样的？任何公民都可出资认购"共享能源投资"（Énergie Partagée Investissement）的股份，每股 100 欧元。这些认购的股份随后变成股东权益，投入到可再生能源生产的合作项目中。这种模式对社会有三点好处：刺激地方就业、调整能源生产方式、促进可再生能源的发展。在丹麦，175000 名个人持有全国 80% 以上的风力发电站的股份！

佳方式："相较于请愿和游行，行动才是最具有影响力的方式。我们每消费一次，都是在表示对一种产业的支持或反对。消费甚至比投票更具影响力，一日三餐吃什么都是在投票。"

最为廉价的能源恰是人们不会购买的能源

恩奈科普公司除负责电力供应之外，还肩负着一项关乎人民大众利益的使命：促进能源的节约利用。[①] 尽管这看起来会有些自相矛盾，恩奈科普公司为客户提供节能方案，以此减少花费，并避免能源浪费。受"节省 1 兆瓦"协会

---

① 恩奈科普荣获尼古拉·于勒基金会（Fondation Nicolas Hulot）"我的积极影响"（My Positive Impact）大赛银奖。在 2015 年 12 月的第 21 届联合国气候变化大会（COP21）召开前夕，尼古拉·于勒基金会开展了"我的积极影响"大赛，它与未来世界创意计划项目（WiFU）类似。大赛将全球 100 个中小企业、微型企业、社团和协会的创新项目展现给公众并让他们评选，这些创新项目都是为了解决气候变化问题，就像恩奈科普那样。大赛的目的是证明世界各地都有公民社会应对气候变化的方案。这些在住房、食品、交通和医疗方面可行、高效、可复制的方案常常遭到人们的忽视，甚至是守旧者和怀疑者的挑战。得票前十名的项目将得到大规模的宣传，这能为它们带来必要的声望和知名度，从而可以吸引投资者、人才和合作伙伴、打开市场等。所有这些创新项目都可以在以下网站浏览，http://www.mypositiveimpact.org/。

（Négawatt）[1] 及其去核化方案的启发，恩奈科普公司在法国各大区建立了用电掌控评估机制。例如，罗纳－阿尔卑斯大区的恩奈科普针对"瓦特医生"（Docteur Watt）工具的使用开展了培训，该工具可帮助企业和个人进行用电使用情况的自我诊断。在宣传节能观念、促进可再生能源利用的过程中，我们还将面临怎样的严峻挑战呢？那就是在整个欧洲范围内建立可再生能源网络。为达成这一目标，恩奈科普公司与德国绿色和平能源（GP Energy）、比利时的 Ecopower、西班牙的 Somenergie、英国的 Energy4All 以及巴斯克地区的 Goiener 等绿色能源企业和组织展开合作。2013 年 12 月，来自欧洲 9 个国家的 14 家再生能源供应商共同建立了欧洲可再生能源合作联盟（REScoop.eu），该联盟的宗旨是开展培训教育、科研以及经验交流活动，寻求资金短缺以及银行贷款的解决方案，最终促进民间可再生能源项目的发展。

---

① "节省 1 兆瓦"协会有超过 1000 名的成员，其中很重要的一部分是科学家。它提出的能源转型方案有三个要素：节约能源、提高能效和使用可再生能源。该方案以这三个要素为基础，证明停止使用化石能源在 21 世纪中期（2050 年）来看是可行的。

乌斯曼·迪奥普（Ousmane Diop）
塞内加尔能源站（Station Energy）公司
经理
塞内加尔，达喀尔

塞内加尔，能源站

马克

把光带进非洲丛林

对非洲人来说，这是一个机会，不用与发达国家同场竞技。可再生能源是我们唯一的机会，我们要抓住这个机会。而对发达国家来说，要向后退一步，其实更难。

——乌斯曼·迪奥普

撒哈拉沙漠以南的非洲，10 户家庭中就有 8 户没电。在农村，这个比例是 19/20。平均只有 20% 的地方才有供电设施。在塞内加尔农村，电还没有进入人们的日常生活。25000 个村庄没有通电。相关的社会问题、健康问题和经济问题非常严重：没有光怎么学习？没有冰箱怎么储存食物？没有广播怎么了解信息？没有抽水灌溉系统怎么耕种？

城市经济发展迅猛，但是经常断电（部分线路暂停供电）。这不仅让企业发展速度变慢，也扰乱了市民生活。2011年6月，塞内加尔的达喀尔发生了一场反对断电的暴力游行示威，国家电力总公司遭到攻击。

在塞内加尔，大部分能源主要是化石能源（煤、石油），水力发电（大坝）只占很小的比例。[①] 越是偏远的地区，电就越贵（农村地区每户每月约需10欧元），因为电价取决于供电线所用铜的价格。因此，对政府来说，为一些地区供电是没有利润可言的。

塞内加尔能源站公司经理乌斯曼·迪奥普，在我们会面一开始就和我们说道："人们需要与信息时代接轨，非洲人尤其需要。"这位电信工程师在法国求学后，回来建设祖国。他遇到了三位法国人，两位工程师和一位化学家，他们拥有对非洲能源发展的相同观点。发起人亚历山大·卡斯特尔（Alexandre Castel）与他的两位法国合伙人决定创立公司"能源站"，并邀请奥斯曼加入。

---

① 能源，在联合千年发展目标中未被提及；关乎发展这一主题的8项百年计划，涉及了消除极端贫困、普及教育、医疗、改善环境、实现妇女的独立等各个方面，然而，关于能源的获得方面的问题在这些计划当中没有被提及，也没有关于发达国家以及发展中国家的能源改进措施。但是，没有能源和饮用水方面的措施，怎样才能够有效地改进教育和医疗状况呢？

解决照明问题

为了把可再生能源带给非洲内陆地区的人们，公司发展了一个特许经销商网络，售卖太阳能组件。这样，只花差不多 100 欧元，一户家庭就可以得到一套小型太阳能照明设备。功率更大的组件还能为电视、电脑和电器设备，比如水泵等，提供电力。这些太阳能设备价格不贵但质量很好，只面向当地市场发售，还得到了世界银行的"照亮非洲"（Lighting Africa）项目的认证。付款方式也采取了符合非洲特点的方式，如分期付款、由能源站的金融合作伙伴 Microcred 提供小额信贷。为了确保客户不会因还不起贷款而背负债务，Microcred 在放贷前会确保借贷人有还款能力。

太阳能引入塞内加尔已经有些年头了，但是仅止步于设备销售。设备一旦安装完成，就再没人维护了。而能源站可以依托他们在落后地区建立的经销商网络，让产品经销商提供优质的售后服务。如果设备出现故障，无需返回达喀尔，只要直接联系附近的经销商就可以了。

冷冻链解决方案

你还记得吗？全球粮食从生产地到消费者的手中产生的浪费高达 30%。塞内加尔就是食物浪费的典型。因为缺少储存手段和加工系统，塞内加尔 60% 的水果和 80% 的奶被扔进了垃圾桶。我们亲眼见证了一回。七月正是芒果采摘季节（这绝对是世界上最甜最好吃的芒果）。几十位身着彩色长袍的"妈妈"在每个村庄的路边站成一排。在她们面前摆放着巨大的木盆，里面装满了大小不一色彩多样的芒果，等待顾客们的光临。不幸的是，大部分的芒果最终都烂掉了，因为当地没有储存或者加工的办法。芒果被以最低的价格甩卖（每公斤不到 0.5 欧元），卖家为了争夺那几个难得停下脚步的顾客而经常发生口角。

其实，在农村，要想用冰箱或者冰柜储存易坏的食物或药品，农民们往往要走上几十公里路。这里的天气又热又潮湿，无论是奶还是肉或者水果都存不过几个小时。塞内加尔人不得不每天去买食物，把食物在太阳下晒干，然后用盐腌起来，食物中最基本的营养就这样流失掉了。

为了解决冷冻链问题，能源站发起了 Gawoor 项目，即塞内加尔冷鲜配送网。在不通电的偏远地区，建很多小店铺，用太阳能供电，冷冻食物。塞内加尔人每天所需要的最基本食材（鱼、鸡肉等）就地取材生产，在店铺里销售，供当地农村人口日常消费。

对非洲来说，这是一种先进的共享经济吗？

整合服务，让服务更贴近偏远地区人口，这就是能源站公司提出的第三个理念：能源加油站（Station Energy）。

以加油站或者小商店作为参照，能源加油站就是离家不远的一家小店铺，由太阳能供电，并提供相关服务（不仅仅是商品），满足没电地区居民的基本需求：能源、通信、冷冻链、移动电话 [①]。在这里，可以买到电源插座，可以租电池，租用的电池可以在店里充电，可以买到太阳能充电设备，可以共用一个冷藏柜，可以上网，可以转账汇款。这在非洲可能甚至在欧洲都是共享经济的先驱者，即不再出售物品的价值而是使用价值。这就把顾客—供应商关系转变成了合作伙伴关系。在这种关系中，人们不再仅仅追求产品销售额，而是追求产品的使用寿命、维护和整体质量等，不用再担心所购买产品陈旧过时的问题了。

很快就可盈利的加盟商

能源加油站很快就成了当地的生活中心，还创造了工作岗位，吸引了个人及机构投资者。根据几位负责人的讲述，一个店铺需要投资 2000 万非洲法郎（相当于 3 万欧元），4 个月即可回本，每个店铺提供的能源服务惠及 1000 多人。加盟商投入能源加油站整体成本的 10%~20%，其余的可向与能源站公司合作的金融机构申请 3~5 年期的贷款。

农村合作社、国家机构和能源站企业之间的协同努力，

---

① 1.3 千万塞内加尔人中，有 1 千万人每人拥有一部手机。他们怎样给手机充电呢？

对在村庄里建立加盟店铺来说必不可少。农村合作社是加盟店铺的所有者，能源站仅提供培训。店铺得到的收益归当地所有，并用于当地的发展。能源站平均收取营业额的 20%，支付团队薪酬及维持运营和发展。

乌斯曼·迪奥普坚信，可再生能源可以解决撒哈拉以南非洲农村地区的通电问题。他总结道："塞内加尔还有 25000 个村庄没有通电，我们没有要建 25000 个能源加油站的雄心壮志，但是我们愿意为混合能源解决方案做出努力。"

公司发展得非常顺利。能源加油站的加盟店铺和冷鲜配送网如今已经发展到科特迪瓦、布基纳法索和科摩罗群岛。其他组织像坦桑尼亚的 EGG 能源也启动了类似的项目。亚历山大·卡斯特尔的梦想是"在 2020 年，项目在非洲惠及 1 百万人"。这里的阳光总是很充足，所以，亚历山大的能源站公司一定前途光明。[1]

---

[1] WiFU 计划一瞥：当我们到达塞内加尔首都达喀尔的时候，整个城市几乎处在沸腾当中。当地民众之所以如此欢呼雀跃，并不是因为我们这些欧洲人为他们带来了"未来世界创意计划"，而是因为那时美国总统奥巴马恰好在塞内加尔进行访问。奥巴马此次访问的主要目的是为了帮助位于西非的塞内加尔巩固民主，并且加强美国同塞内加尔之间的军事合作，以打击撒哈拉沙漠以南的非洲地区的恐怖主义势力。两国之间的经济领域的合作也并没有被遗忘。由 600 名潜在意向投资者组成了一支代表团，陪同奥巴马进行访问。对于塞内加尔社会党第一书记乌斯曼（Ousmane）来说，这是一个机遇，"因为通过这样的'南北合作'，能够促进像能源站这样的项目的建成"。

卡罗·费加·塔拉曼卡（Carlo Figà Talamanca）
可持续绿色燃料公司（Sustainable Green Fuel Enterprise，SGFE）负责人
柬埔寨，金边

柬埔寨，可持续绿色燃料公司

西尔万

带可可香的煤

> 1吨绿色煤炭能够拯救 6.5 吨木材，也就是十几棵树。
>
> ——卡罗·费加·塔拉曼卡

我们从老挝边境来到高棉。现在是三月，正是最干旱的季节。39℃的高温把整个柬埔寨几乎变成了沙漠。土壤流失、洪水、火灾、生态系统崩溃，毁林的严重后果威胁着这个国家，情况有可能会进一步恶化。毁林最主要的原因：像全世界另外30亿人一样，80%的柬埔寨人仍只用木材（或者木炭）

取暖和烧火做饭，在农村这个比例更是占到 96%。^①

贪污腐败壮大了精英集团的同时，却让国家的大部分地区陷于贫穷。政府在垃圾处理、拾荒者管理方面，没有承担起相应的责任。这些拾荒者在街上捡拾垃圾维持生计。他们从乡下来到金边，朝不保夕，每天捡拾的垃圾达 900 吨。他们是非正规经济的牺牲品，工作条件恶劣，没有任何权利，与垃圾处理厂冲突不断。他们的子女没有接受教育的资格，很小就和父母一起分拣垃圾。

回收生物燃料以拯救森林

SGFE 是一个企业项目，由两个在柬埔寨非常活跃的法国非政府组织推动。2007 年，为了孩子的微笑（PSE）^②组织与可再生能源、环境和互助组织（GERES）决定联合双方力量，建造一座生产"绿色煤砖"的工厂。生产原则很简单：把回收利用的生物垃圾做成比木炭燃烧更高效的燃料。这是个艰

---

① 数据来自非政府组织GERES，根据联合国粮农组织提供的数据进行的整合统计。

② 为了孩子的微笑（Pour un Sourire d'Enfant，PSE）组织诞生自一段令人愤慨的经历。一位退休老人到金边旅行，偶然看到一个他永难忘记的场景：一群孩子在宋仁枳区（Stung Meanchey）垃圾场的垃圾堆里找东西吃。他决定开始行动，解决教育这一根本问题。20 年后，为了孩子的微笑组织建立了 9 所学校，提供 19 种就业技能培训，这些捡拾垃圾的孩子因此改写了命运。

巨的挑战。仅仅是金边这一个城市，非法廉价煤炭被广泛使用，1年就要烧掉9万吨木材。这样的技术能带来什么样的好处呢？它可以制止毁林、为拾荒者提供稳定的工作、发展二氧化碳释放量更少的能源。

SGFE项目始于2008年。用稻米壳、玉米棒子和食用甘蔗后的残渣等做了很多次试验之后，最终选定了椰子壳，因为椰子壳皮厚易燃，在柬埔寨到处都是。拾荒者从金边的市场上收集椰子壳或者从椰子种植者手上购买椰子壳，从而减轻了垃圾场的负担。他们从附近工厂回收煤炭残渣，加入回收的椰子壳里，这样燃烧更加高效。最后，为了固定住这些混合物，他们使用了一种传统的食材——木薯粉作为黏合剂。他们先把这些原料都晾干，然后混合在一起，放在一种特制的挤压炉里烧制，最终烧制成黑色的砖块，看上去很像直接用木头烧出来的木炭。

从非政府组织项目到社会型商业项目

在成立的头两年，可再生能源环境互助组织持续跟进"绿色煤砖"项目，并予以经济上的支持。到2011年底，项目遇到了管理上的困难，工厂尚未盈利但财政补贴已经耗尽。眼看着工厂就要倒闭了，可再生能源环境互助组织准备做最后一次尝试，他们把项目交给了一位年轻的意大利顾问卡罗·费加·塔拉曼卡，以求重整待发。卡罗认为，项目有可持续性，工厂不会倒闭。2012 年 1 月，可再生能源环境互助组织决定把绿色煤炭项目私有化，由卡罗接管并负责运营。私营企业 SGFE 就这样诞生了。

卡罗负责管理工厂的首要任务是保住现有的 15 个工作岗位。拾荒者家庭刚刚遭受到重大挫折：宋仁枳区垃圾场停用了，这可是他们维持生计的地方。所以，和这个垃圾场在同一地区的 SGFE 工厂能否继续运营，对这些家庭来说至关重要。作为项目的最初创建者，可再生能源环境互助和为了孩子的微笑这两个组织特别关注卡罗是否具备企业领导者的素质，以及一个私营企业是否能够把这样一个项目持续地运营下去。卡罗说："我认为一个非政府组织发起的项目能够变成一家私营企业，而且这家企业能够独立运营且盈利，这才是一场真正的胜利。"

为了让经营活动走向正轨，卡罗制定了 BoP 战略[①]，力求最大化砖块产量。为了让工厂的生产力翻倍，他投资 2 万美元新建了一条生产线。同时，为了让绿色煤炭能够走进大众，他还重新调整了配送模式。

从经济角度看，卡罗的这次赌局已经有结论了，他预计

[①] 地球上有 21 亿人每天生活费用不到 2.5 美元，这些人位于收入金字塔脚下，构成金字塔的最底端（Bottom of Pyramid，BoP）。通过倾销的方法，瞄准这一"市场"的企业能获得非常可观的商业利润。

2013 年即可实现营业额 160% 的增长。在实现盈亏平衡之后，企业就可以实现盈利。锦上添花的是，工厂因减少了碳排放，拿到了碳权交易资格。一旦企业重上轨道开始全速前进，之后的目标就是把这个模式复制到首都金边的其他区，或者是柬埔寨的其他城市，如暹粒和马德望。

社会附加值

这件事情引起了怎样的社会影响呢？从保护树木这个方面来看，给社会带来的好处是不可否认的，就像卡罗强调的那样："用传统方式生产 1 吨木炭，需要 6.5 吨木材，所以，我们生产 1 吨绿色煤炭能够拯救 6.5 吨木材，也就是十几棵树。"把这个数字乘以 40，你就可以得出，每年有将近 400 棵树因为"绿色煤炭"而得以继续生长。燃烧释放出的能量还被重新利用，既提高了燃烧的能效，又能为周边的贫民区供电。

从社会角度看，SGFE 让 17 位员工拥有了固定的工作、假期、比当地最低工资高将近一半的薪水，还有意外险和疾病险。9 位职工已经与 SGFE 签订了第一份正式合同。这家企业是社会型企业，卡罗除了要让员工有保障的同时还得保证企业的营业额，要让企业生产的绿色煤炭走进千家万户。但是，现在对于大多数的柬埔寨人来说，绿色煤砖还是太贵了，还需要继续努力。

卡米洛·帕热斯（Camilo Pagès）
生态体系公司（Sistema Biobolsa）联合
创始人
墨西哥，墨西哥城

墨西哥，生态体系公司
西尔万

装满资源的排泄物袋

不是垃圾，而是资源。

——卡米洛·帕热斯

　　在墨西哥，能源很贵，非常贵。墨西哥是第八大石油生产国，但是却不知道怎么从石油中获利，因为美国负责把墨西哥的石油在美国精炼，美国把加工后的石油再高价卖回给墨西哥。然而，化石能源仍主导着墨西哥的能源体系，尤其是黑金——石油。石油必将枯竭，近十年墨西哥原油产量减少了近100万桶。由此导致了石油价格上涨，日用消费品刷新通胀纪录。尽管可再生能源发展不足，但是墨西哥拥有丰富的可再生能源储量，如风能、地热能、生物质能等。墨西哥已经意识到自己在可再生能源发展方面的滞后，所以近几年投资建设了 350 家沼气厂。但是这些大型工厂的建设耗资巨大，因此墨西哥提出了农村能源自主问题。墨西哥近 1/5 的人口在农业领域工作，尤其是粮食和蔬菜的种植领域。但是，正如阿育王组织（Ashoka，第一个全球社会型企业家组织）在它的官网中提到的，推行农村能源自主的困难在于"众多小型农户不去利用手中握有的可持续能源，反而一直依赖有害的化学物质来提高产量"。但是，如果好肥料和能源自主的关键就在排泄物当中呢？于是，卡米洛·帕热斯和亚历山大·伊顿（Alexander Eaton）就创立了一家公司，把宝押在了这些排泄物上。他们的口号是"不是垃圾，而是资源"。目前，他们在墨西哥的 22 个州开展活动，并将他们的技术出口到 15 个国家。这种新颖的方式能够给农民提供可持续能源，不但价格合理，还使用了民间集资的方式。

垃圾是一种过时的理念？

在美洲中部游览了几周之后，我们来到墨西哥城，感到这个城市焦躁不安，甚至给人一种压迫感。雄伟的摩天大楼、四通八达的地铁系统、2500 万居民，城市发展迅速达到了极限。但是康德萨街区（Condesa）却不一样，绿荫茂密的街道和令人心旷神怡的装饰艺术风格，生态体系公司的管理者们选择了这个地方作为公司总部所在地。一辆涂有"不是垃圾，而是资源"口号的满是泥污的汽车停放在了大楼一层大厅，我们到了。卡米洛是一名三十岁左右的工程师，在轻松的氛围中迎接了我们，但是他接下来所说的内容很快让我们意识到了资源再利用的紧迫性和必要性。他们面临的挑战迫在眉睫。

为了帮助我们了解生态体系公司的技术的价值，他向我们讲述了普埃布拉城（Puebla）的一个小生产商恩里克（Enrique）的故事。就像很多墨西哥农村人一样，恩里克的父亲和兄弟向往美国的生活，因此背井离乡去了那里。恩里克和母亲、姐妹生活在一起，他决定继承家族的传统手艺，生产传统牛乳奶酪，以补贴家用。如同众多农民一样，他需要处理有机废物，比如奶牛粪便制成的厩肥等，但是他只能把这些废物储存在靠近住处的牛栏里，因为这些有机废物需要一年的时间才能分解为有机肥料。下大雨的时候，腐烂物会渗入灌溉系统和饮用水供应系统，对他的家人和邻居的健康产生威胁。恩里克的第二大问题是成本投入。为了喂养牲口，他开始种植作物，但是购买化肥和除虫剂的费用很高。开始的时候，这些产品能帮助他在短期内节约一部分资金，但是代价昂贵，他的土地对这些产品产生了依赖，甚至"上了瘾"。2010 年，恩里克无意中知道了生态体系公司，他被该公司的原则（在装满水和细菌的容器中消化排泄物，以此产生免费能源）所吸引，购买了一个 20 立方米的有机消化反应器。每一天，他在反应器中倒入 100 升的牛排泄物，经过几个小时的处理，反应器即可产生沼气，用于做饭和烧水，而且反应器还能为恩里克的土地提供优质的肥料 [1]。至于他的投资回报，卡米洛解释说："恩里克投资了 3 万比索（1735 欧元），目前他每年可以在能源上节约 8000 比索（460 欧元），在肥料上节约 1 万多比索（580 欧元），因此不到两年就能收回投资成本。恩里克不再想离开农村，他有了自己的事业，生活得很好，也不想到美国加入父亲和兄弟的行列中。"

教学和聆听需求

这一方法的神奇之处是不再将牛粪、马粪和人的排泄物视为需要投入昂贵净化成本的废物，而是将它们转变成一种真正的资源，用于生产几乎免费的能源和肥料，而且这一切仅仅需要几个小时。其实法国的污水处理厂很早就使用这种方法了，它们将处理后的污物输入巨大的有机消化反应器中，

---

[1] 一个机器，吞下有机物，消化，继而"持续"产生气体。这没让您联想到些什么？是的，人的身体（或者牛的身体）。人体可以通过进食实现同样的效果。在一个缺氧或厌氧的环境下（人体、稻田），有机物开始分解，产生生物化学反应，消化者就会控制并强化这种反应。细菌吞噬掉物质，并使消化后的物质更加稳定，也就是说物质不再含有毒素。

从而变废为宝。生态体系公司帮助小型农户使用这种技术，并从中获益。西班牙的大型谷物生产运用了厌氧消化业务，这些工厂生产的能源成为其主要利润来源（因为工厂只生产用于处理的有机物质），但生态体系公司还远远达不到这种水平。公司鼓励分散的个人项目，每一位农民都可以用合理的价格买到一个有机消化器，既适合自身农业活动的规模，又能满足自身需求。在公司技术员乔纳森·德拉罗扎（Jonathan de la Roza）的陪同下，我们在普埃布拉州乡下了解了他给小型农户提供建议的方式。佩德罗·华雷斯（Pedro Juarez）是三个孩子的父亲，当我们到达他家时，乔纳森向我们介绍："这就是 BB4 型产品，当注入一份酒精和三份水，这个反应器能在两个小时内产生沼气。使用非常方便，而且一旦出现问题，我们还会负责维修。一个家庭用五头牛的排泄物来生产能源，就已经绰绰有余了。"

系统性社会创新

在经历了两轮石油危机的冲击之后，墨西哥将厌氧消化法视为一种走出危机的技术。然而，如同在法国的情况一样，墨西哥的厌氧消化设备管理不善，生产效率低下，价格昂贵。农村也是如此。厌氧消化项目层出不穷，但都不具有说服力。很多人都失败了，为什么卡米洛和他的同伴能够成功呢？因为他们公司不仅推出了 10 余种不同的厌氧消化器，还在技术以外的方面进行创新。首先是资金来源，公司的一部分资金来源于无息贷款，这主要得益于与首家网上民间借贷平台——基瓦公司（Kiva，受 Babyloan 宝宝贷项目的启发而建立的美国借贷网）的合作。在这种融资模式下，生态体系公司得以维持自己的独立。

与此同时，"生态学院"教育项目（Bioescuela）能够为墨西哥的农民，甚至为墨西哥所有居民提供培训，帮助他们开展水、能源、营养、排污和卫生等方面的生态实践。该项目拥有一系列综合技术，而且有众多组织参与其中。"生态学院"教育项目设立于瓦哈卡州（l'État d'Oaxaca）的瓦乌特拉（Huautla），旨在从教育到可持续发展等各方面提供一个可效仿的范例。卡米洛认为："墨西哥正规教育体系并未提供有关可持续发展的深度信息，然而人类最大的挑战就是在生产活动和自然环境保护之间寻找平衡。"更重要的是，他认为，"主要问题是乡村地区众多家庭没法获得水和电，也无法保证食品安全。这个问题损害了他们的社会结构，降低了文化认同感，因此他们不得不搬到城市生活"。在一个与邻近社区开展合作的设想中，生态体系公司尝试提供饮用水、电、沼气和净化设备，以便改善当地的基础设施和基础服务。

生态体系公司最近推出的产品是"厕所专用沼气制造器"。这种仪器能够收集、处理人的排泄物，将它转化成能源。这个产品的工作原理与牛粪处理器一样，排泄物进入聚氯乙烯

图 2.2　生态体系公司产品示意图（墨西哥，墨西哥城）

反应器中，隔绝氧气，在一系列细菌的帮助下分解，转化为能源。

　　与 2011 年相比，生态体系公司的产品销量在 2012 年翻了一倍，共卖出了 750 个生物降解装置。目前这个团队在墨西哥各地开展活动，为 20 多个国家提供服务，主要是拉丁美洲的国家。因为在能源危机之后，这类创举也预料到未来环境将给人类发来最后通牒。

循环经济

皮埃尔·彭米埃（Pierre Pomiers）
诺托斯（Notox）创始人
法国，昂热莱

法国，诺托斯企业

马克

在生态环保的浪潮上冲潮，可以！但是得用合适的冲浪板……对于企业家来说，采取环保措施是需要冒很大风险的，因为根本得不到财政部门的关注。

——皮埃尔·彭米埃

冲浪者真的生态环保吗？

近二十年，冲浪运动在法国发展迅猛。这波浪潮从巴斯克地区（Basque）① 和法国朗德省（les Landes）② 发端。一些生产冲浪运动产品的大型企业集团（如运动品牌极速骑板

---

① 法国与西班牙交界地区。
② 法国西部沿大西洋岸边省份。

[Quiksilver]、里普柯尔[Rip Curl]、贝纳帮[Billabong]）将其在欧洲的总部设在法国西南部沿海，在圣让德吕兹（Saint-Jean-de-Luz）和奥瑟戈尔（Hossegor）之间。设在这里的主要是设计与物流部门，冲浪板的生产主要分布在其他国家和地区。在全球范围内，一边是工人在车间制造冲浪板，另一边是大品牌将制造分包给泰国、孟加拉国、北非地区。那里的卫生状况与环境条件非常恶劣，却生产制造出世界上的大部分冲浪板。

要制作一个冲浪板需要什么原材料？一块聚氨酯泡沫板或者聚苯乙烯泡沫板、玻璃纤维和聚酯合成树脂或环氧树脂。要怎么做呢？三个步骤：切割打磨泡沫板，在打磨好的泡沫板上铺上一层玻璃纤维，涂树脂、打磨、涂刷，不断反复。看起来不环保，是吗？别着急，且看下文。

制造冲浪板的卫生条件实在是恶劣。用手接触这些合成物极其危险。树脂含有大量的苯乙烯、双酚 A、甲醛等非常有害的物质，可引发癌症。另外，玻璃纤维释放出的微型颗粒物，会导致非常严重的呼吸道疾病。

冲浪板对制造者无益，对环境保护也无益。一块重 3 公斤的冲浪板会带来 5.7 公斤有害工业废料。这些废料被直接当作普通垃圾倾倒或掩埋，但其实应该经过特别处理。我们估算了一下，冲浪板生产给巴斯克和法国朗德省南部之间的地区，每年带来的有害废料达 40 吨，成为这里重要的污染源。

138   为什么会造成这样恶劣的影响呢？因为为了满足专业冲浪者的需求，追随时尚潮流，主要是冲浪板的形状在变化，而冲浪板的生产方式和合成材料的使用自 1960 以来就没怎么变过。表面的炫丽多彩掩盖了内在的实质问题。泰国、孟加拉国和北非地区——这些集中生产冲浪板的地区——没有就冲浪板生产过程中的卫生条件及环境状况出台严厉的规章制度。法国的小生产者，如果按照社保及环保标准，负担不起高昂的生产成本，而来自亚洲的市场竞争，只能让他们继续处于这种恶劣的工作环境中。相比之下，像乐飞叶（Lafuma）这样的登山设备提供商，在处理他们的登山运动产品对环境的影响上，则更为先进。

诺托斯拥有对人及环境更友好的生产过程

皮埃尔·彭米埃自少年时代就开始冲浪，了解制造冲浪板对环境带来的有害影响。他与两位合伙人，伯努瓦·拉梅（Benoît Rameix）和多米尼克·维尔纳夫（Dominique Villenave）于 2009 年成立了诺托斯公司[1]，着眼于高端市场。皮埃尔在法

---

[1] 诺托斯在不超过公司方圆 700 公里的范围内购买原材料，而泰国的冲浪板制造公司却正好相反，该公司会向位于地球另一端的遥远的国家购买原材料。诺托斯还从当地的机器设备提供商那里购买机器设备，哪怕会多付出一些成本，但却对维护当地的生产力发展贡献了一份力量。

国昂热莱（Angelet）的生产车间里接待了我们。我们没有闻到任何刺鼻的化学品气味。当皮埃尔和多米尼克在其他企业工作时，他们参观过贝努瓦工作的车间。当他们看到冲浪板制作者的工作环境和废料处理方式时，感到非常吃惊。工人们都了解工作造成的健康与环境问题，但他们没办法负担昂贵的环保成本。三位好朋友决定解决这个问题。

与通常做法不同，诺托斯直接去寻找问题关键人。他找到了养老保险基金与职业健康保障机构（CARSAT）和职业卫生机构，邀请他们一起建立制造冲浪板的制作车间。这两个机构虽然从来没有主动采取过类似行动，但仍然接受了邀请。建一个符合国家研究与安全科学院（INRS）要求的工作车间，需要一年的时间，比普通工作室的造价要昂贵许多。为了保障员工安全，公司安装了换气系统，可以除尘和过滤空气中的有害气体。为减少肌肉劳损、骨骼疼痛等病症，公司采取弹性工作制，工人可以自主调节工作时间。诺托斯还有一份质量章程，保障生产环境的健康与安全。诺托斯的产品上都印有"诺托斯品质"图章。其他公司的工人也可以在这里制造冲浪板，并同样享有质量章程保障的工作条件。这种模式有利于同业者采取类似的环保行动，并且能够分担车间的建造成本。

在保障工人健康的同时，公司着手解决生产造成的环境问题。首先，完成了冲浪板生命周期分析（ACV）[1]。此分析能够计算出生产过程释放出的、对环境有害的物质总量，并给出改善方法。诺托斯还参与了产品上打环保标记的试验。这一试验由法国环境与可持续发展部于 2011 年发起，消费者可在其购买的产品上看到环保标记，比如贴着 GreenOne 标记的环保冲浪板在三个方面达到了标准：二氧化碳排放、耗水量和不可再生能源的消耗量。皮埃尔希望，其他同行也能参与这一试验，让生态环保标记机制公开透明，这样，消费者就可以在购买时得到充分的信息，可以比较不同冲浪板给环境带来的不同影响。

诺托斯的 GreenOne 科技阐明了企业的社会环保理念。企业采用的材料与生产流程，对环境和工人健康没有或者说有更少的伤害。制作冲浪板的材料用的是当地回收的聚苯乙烯、未经处理的天然亚麻纤维和生态环保的环氧树脂，也就是说

---

[1] ACV是一种针对环境的评价工具，它能够评价一个产品在其整个使用周期内对环境所产生的影响，从原材料的获取环节直到产品生命周期的最终环节，同时还包括产品的运输以及使用环节。ACV 是一种得到广泛使用且知名度很高的评价工具，也是当今最为全面和系统化的评价工具。通过这一工具，人们能够获得对产品在原材料和能源的流通环节的评价，这些评价主要建立在产品对环境的潜在影响的基础上。定义法国生态转型与团结部（Agence de la transition écologique，Ademe，法国环境部和教育部下属机构），参见 http://www2.ademe.fr/servlet/kbaseshou?sort=1&cid=96&m=3&catid=12908。

其合成物中有 55% 是可再生材料。根据冲浪板生命周期 ACV 分析数据，诺托斯生产一个 GreenOne 冲浪板比起一个普通的冲浪板来说，二氧化碳的排放量减少了 40%，节省了 50% 的不可再生材料和 10% 的水。

皮埃尔认为，对顾客来说，环保不是最重要的，冲浪板的性能才是关键。"现在，如果只因为一个产品环保就卖得很贵，这根本行不通。我们做的一切是为我们自己，为环保本身，不是为了有更多顾客。产品是否环保不能决定我们最终能否胜出，能决定的还是消费者的选择。"诺托斯的顾客们对冲浪板的性能非常满意。我们遇到一些顾客，他们非常喜欢这种在巴斯克地区生产的冲浪板，尽管与在东南亚生产的冲浪板相比，价格上贵了 200 欧元。诺托斯学习德国企业的策略，将产品定位在高端产品市场细分领域中，高性能、低价位。但是这种做法有点冒险，因为对企业来说成本更高。即将结束这次访问时，皮埃尔提到了财政部门，他觉得这些机构对于支持环保并不积极，但采取环保措施对我们社会的发展是必不可少的。"对于企业家来说，采取环保措施是需要冒很大风险的，因为根本得不到财政部门的关注。"最近，公司开始众筹，希望能够提前募集资金，在巴斯克地区生产新型环保冲浪板。

阿琳娜·阿丝玛柯布劳斯（Aline Assimaccopulos）与西尔万·阿丝玛柯布劳斯（Sylvain Assimacopoulos）保弛洛公司（Pocheco）商务负责人法国，马尔克佛雷镇

法国，保弛洛企业
马克

搞经济，一丝不苟

以环保的方式工作更省钱。

——埃马纽埃尔·德吕翁（Emmanuel Druon）

保弛洛公司首席执行官

根据政府间气候变化专门委员会（Groupe d'experts intergouvernemental sur l'évolution du climat，GIEC），工业是气候失调的罪魁祸首之一，21%的温室效应气体排放源自工业企业。同时，专家们认为，造纸业是全球消耗能源最多的行业之一。如果不经过恰当处理，造纸业耗水量大，所用化学品对环境有害。[1]

---

① 参见http://www.economie.gouv.fr/files/directions_services/daj/marches_publics/oeap/gem/papier_eco-responsable/1.3.pdf。

法国北加莱地区一家小型工业企业的 114 位员工在努力改变这一状况。保弛洛公司是法国最大的信封生产商。每年，这家企业卖给大银行、保险公司、电信运营商和能源供应商用于邮寄发票和银行账单的环保信封，高达 20 亿个。

你可能在信箱里收到过装在保弛洛信封里的信，它带给了你一个好消息，抑或一个坏消息。

这家企业的座右铭就是："用环保的方式工作更省钱。"前环境部长柯琳·勒帕热（Corinne Lepage）把这称作"生态存款"。保弛洛公司就是这样做的。

远见和透明度

像巴斯克地区的诺托斯公司一样，保弛洛也参与了由政府发起的在产品上贴环保标记的尝试。保弛洛公司完成了产品从原料提取到回收利用的生命周期 ACV 分析，于是，企业可以从三个方面来衡量其对环境的影响：空气质量或碳足迹、耗水量和可再生原材料使用量。通过印在信封上的一系列从 A 至 E 的标记，顾客可以选择对环境影响最小的信封。

控制供给

商务负责人阿琳娜在公司种满绿植的屋顶上接待了我们，她说："使用纸信封非常有利于欧洲森林面积的增加，但条件是生产过程可追溯。"保弛洛信封所使用的纸浆主要来自芬兰和孚日山森林。造纸厂深入参与林业治理，直接管理他们自己的森林。他们每砍 1 棵树会种植 3 棵新树。同一片林地里，他们只砍那些遮蔽了森林植被生长的树木。树干用作建材或者制作家具，树枝用作造浆厂的燃料或者家庭烧火取暖的木柴，只回收做工剩下的余料用来制造纸浆。随后，由火车、船、卡车，运到保弛洛工厂。保弛洛从这个阶段接手，负责后续的生产。

对能源和建筑隔热保暖的关注

让我们从公司的屋顶说起。屋顶上覆盖着 800 平方米的光伏发电板，每年生产 10 万千瓦时的电量，相当于 80 个家庭的用电量。一层木丝绝缘板和一个由天然落叶松做成的隔板，把整幢建筑与种满绿植的房顶隔开。空调系统让所有车间在夏季也可以保持清凉：热风被吸进过滤器、经过过滤器里的纤维素，而纤维素本身吸收雨水，是湿润的。热空气与水相遇，水会蒸发，减少热量，凉风重又回到车间。冬季（这个地区冬季持续时间很长），工厂有锅炉提供暖气，锅炉烧木料，木料来自木屑等生产废料。

管理水和污染

企业在水资源的使用上几乎完全自给自足，他们回收雨水用于清洗机器、浇灌花草树木。造纸所用油墨中95%~100% 的有害金属，通过一片竹园自然消化掉：水墨混合物一滴滴浇到竹园里，70 棵竹子通过根部吸收消化这些有害金属物质。企业发展部门负责人特里斯唐·道·卡庞蒂埃（Tristan Tao Carpentier）说："竹子真的很神奇。竹子一共有 1500 多种，能够吸收存储大量的有害物质。"

工业环境里的生物多样性

休息时间，工人们可以到工厂后面的果园里摘个有机李子或者有机梨吃。果园里有 40 种树。原来的金属围栏拆除了，换成了木篱笆。这些篱笆圈成了一个生态走廊，里面有小动物，还有昆虫。为了让这个生态系统更加完善，他们在周围安了 14 个鸟巢，有鸟和蝙蝠在这里安家。屋顶上还安装了蜂箱，由工人们负责管理，保弛洛每年能收集到 300 公斤蜂蜜。

自给自足和盈利

逐渐地，保弛洛走上了"被动"发展的道路。工厂几乎自给自足，以闭环方式运营。[1] 通过这些绿色环保措施，他们节约了大量开销。这家环保信封行业的领军者，拥有非常

---

① 保弛洛公司实现了全面的能源自我供给，通过一系列"节约举措"，减少了 20% 的电力消耗，还减少了 90% 的天然气消耗。公司就地取用的水资源，有 80% 都来自雨水。2013—2014 年，整个企业的碳消耗量减少了 10%。

146

稳定的现金流。每年，保弛洛投资 100 万欧元到企业的发展
建设上。每笔投资都符合严苛的标准：减少工作岗位的危险
性与辛苦程度、减少对环境的影响、提高生产力。阿琳娜说，
"我们企业没有那些只关心结果的股东"，这有利于落实长期
投资策略。公司老板有完全的自由度，他拥有保弛洛 100%
的股权。

为了防范造纸业未来可能因数码产品的兴起而衰落，也
为了在这个经济不甚景气的地区保留一些就业岗位，保弛洛
近些年来开始走多元化道路。先是创建了一家环保咨询公司，
帮助其他企业改进经营方法，通过生态环保的解决方案节省
开支，还建立了保弛洛植树造林（Canopée Reforestation）协
会，在法国北加莱地区植树造林。这一地区的森林覆盖面积
只有 7%，远低于法国 27% 的全国平均水平。这两项活动创
造了 14 个就业岗位。

纸制发票还是电子发票 [1]？

在整个采访过程中，有个问题一直让我们百思不得其

---

[1] "对于电子邮件和纸质书信的对比分析研究非常多。但是，为什么
没有任何一项研究来说明电子邮件和纸质书信，从它们的产生到运输，
再到储存、归档，甚至是销毁过程，将会带来怎样的影响？信息技术
行业会比传统的造纸行业获得更多的利润吗？"——这是保弛洛公司
首席执行官埃马纽埃尔·德吕翁的提问。

解。虽然企业在环保方面采取的措施的确堪称典范，但是用电子发票不是比邮寄纸质发票对环境影响更小吗？保弛洛回答了这个问题。2009 年，公司邀请法国国家科学研究中心（CNRS）工程所展开了一项调查研究，比较以邮寄方式和电子方式发送、接收、咨询和储存如发票以及银行账单等文本材料对环境造成的影响。这项调查研究了 10 个因素，包括能源消耗、资源耗损、臭氧层破坏、水、对人类有害的毒素等。结果令人震惊，对环境的影响大小在很大程度上取决于对电子票据的查询时长，还有用户是否会打印电子票据。如果不打印电子票据且查询时长少于 30 分钟，那么，电子票据对环境的影响比纸质票据更小。但如果要打印出来，电子票据就没什么优势。实际上，电子票据非常耗费能源，且与电脑、打印机、服务器等的使用有关。组成这些机器的材料都是不可再生的（和树木不同），它们的回收比起纸来说更加复杂，对环境的影响更大。所以，用电子票据还是纸质票据呢？采取合理行动应该是最好的答案。如果查询时长更短且不打印，用电子票据比较好。反之，用纸质票据好。纸质票据也可以让人看得更仔细、更完整。

鲁迪·达勒曼（Rudi Daelmans）
Desso 地毯公司可持续发展部负责人
荷兰，威克

148

荷兰，Desso 地毯公司

奥丽安、雷米

他们不是发疯，他们是从环保角度考虑

这不是利益问题，而是因为我们没有其他选择。当自然资源枯竭耗尽，替代品是什么？

——鲁迪·达勒曼

每天你在办公室或者在家里都脚踩地毯，但你是否真正了解地毯是怎样生产出来的？你是否想过地毯会给健康和自然环境带来什么影响？别担心！这就是作为世界高端奢侈地毯生产行业领先者之一的 Desso 公司提出来的问题。Desso 的顾客有哪些呢？不仅有银行、保险公司、旅馆、游艇会，还有医院。

为什么要小心地毯呢？

让我们先来研究下地毯的材料构成。首先，地毯由天然纤维或者人工合成纤维制作而成。这些化学合成材料几乎全都来自碳氢化合物（聚酰胺、聚丙烯、聚酯、丙烯酸），所以，既不可再生，也不能循环利用。另外，地毯还用胶乳、毛毡、纺织纤维制作主体，大多数情况下还用黏合剂把地毯粘在地上。这些黏合剂的有害成分，透过地毯主体与纤维散发到室内。消费者联合会（Union fédérale des consommateurs, UFC）在 2009 年展开过一项调查"选什么？"，详细说明了具有挥发性的有机化合物，其有害物质的释放比例远高于安全警戒线。我们并不会直接呼吸这些黏合剂释放的有害物质，但是，地毯用坏后要焚烧掉（每年有几千万吨），焚烧时会向大气中释放大量有害气体。总之，工厂里生产的地毯是一剂毒药，危害健康，有害环境。

解决方案：循环经济①

2007 年，Desso 公司调整了发展方向，开始参与环保。他们有两大理念：C2C 标签和循环经济。Desso 希望，到 2020 年，公司整个生产过程都能够得到认证。

C2C 的字面意思是"从摇篮到摇篮"（Cradle to Cradle），即每件产品的生产都依据自然循环方式，不产生任何废物。生产用料必须是可循环使用的、可生物降解的、可永久使用的。这样，一件产品的废料即是另一件产品的材料，就像大自然那样。② 这属于生产消费的可替代模式：循环经济。

Desso 开始向环保方向发展，并取得了麦克唐纳布仑加特化学企业（McDonough Braungart Chemistry，MDBC）和认证

---

① 循环经济是一种仿生学手段，其运作模式模仿生物体的运行机制。"循环经济理念的支持者认为，我们应当把我们的大自然系统当作一个有生命的整体，并且他们认为这个系统和所有的生命体一样，吸收营养，然后再将营养返还给整个循环系统。"循环经济一共有四个重要特征。根据循环经济的主要原则，每一个企业都应该：设计可降解／可循环利用的产品；减少对自然资源的开发和利用；努力提升服务质量，而不是去开发那些一次性产品；努力与其他企业进行合作，使原材料发挥更大的价值（一些企业在生产过程中产生的废料，可能会成为其他企业进行生产所需的原材料）。参见 http://www.ellemacarthurfondatin.org.fr/economie-circulaire/les-principes/2e=partie-principes-fonfateurs-du-modele-circulaire。

② 参见 http://www.consoglobe.com/label-c2c-cradle-to-cradle_2884.html。

机构 EPEA（环境保护和推广机构）的专家技术支持。Desso
把地毯的构成成分做了一个分类，依据是能否获得认证的环
境标准。具体标准如下：

产品对健康的影响（对人体健康不能有任何影响）；

物料的再利用（用于企业自身或者另一家企业）；

可再生能源的使用；

水资源的合理使用；

企业的社会责任。

功能性经济 [①]

　　Desso 带有 C2C 标签的首个地毯产品名为"生态基础"
（Écobase）。Desso 为顾客们提供地毯维护和更新服务，这项
服务增强了顾客的忠诚度，也便于回收旧地毯加以循环利用。
这样，旧地毯的人工合成纤维在 Desso 企业内部或者在 Desso

---

　　① 功能性经济是从拥有到使用的一种新的经济模式。在这样一种模式
下，经济运行的主要目的不再是出售产品的所有权，而是出售产品的
使用权。这种模式倡导合作精神，因此，消费者和出售者之间的关系
变成了相互合作。人们所追求的目标也不再是增加产品的数量，而是
努力延长产品的使用期限，对产品进行良好的维护和保养，以提升产
品的整体价值。这是一种各个工业行业都适用的、有关产品淘汰的策
略（对于产品的生命周期的定义彻底改变）。

的主要供应商 Aquafil 那里就可完成再次利用。地毯"生态基础"的骨架拆卸后，运回给生产商再次利用。对于含有沥青的地毯骨架，沥青可处理后再次利用或卖给筑路公司。这就显出了功能性经济（不售卖产品，而是销售服务或者使用价值）与循环经济（产品使用寿命终结时，废料转为资源）相结合的好处。Desso 可持续发展部负责人鲁迪·达勒曼强调说，这件事不能仅靠公司独立完成："要动员供应商和顾客。这是一个社会性的过渡。我们要做的是超越 Desso 的能力边界。"

企业的能源处理方法涉及其整个生产流程，十年前就已经开始了。能源耗费减少了 10%。Desso 在工厂屋顶上安装了 2.5 万平方米的太阳能板。现在，Desso 向一位外部供应商购买了大部分的可再生能源，但其目标是通过风能和甲烷生产[①]，未来可实现能源上的自给自足。

另一种对人体健康有益的创新产品是地毯"空气大师"（Air Master）。灵感来自灰尘吸附在地毯上这一现象。"为什么我们不能生产一种地毯，可以让空气中的微尘吸附在上面呢？这样就可以改善办公室的空气质量。"结果就是有"空气大师"地毯的办公室空气中的微尘浓度，是有其他地毯的办公室的 1/8。

---

① 参见 http://www.ellenmacarthurfoudation.org/entreprises/etudes-de-cas-2/desso-10-ans-pour-boucler-la-boucle。

　　这家公司是在大公无私地帮助别人吗？还是说这种做法可以为它带来竞争优势呢？鲁迪·达勒曼这样回答："这不是利益问题，而是因为我们没有其他选择。当自然资源枯竭耗尽，替代品是什么？公司需要重新利用这些物料。回收利用的成本是固定的，这样我们就避免了经历市场上原材料的价格波动。如果所有人都这样做，我们就能避免新的危机发生。但是，我不确定，社会是不是已经做好了准备。"

协作消费

"胡萝卜族"环保运动（Carrotmob）
成员
美国，洛杉矶

美国和法国，"胡萝卜族"环保运动
马克

要胡萝卜，不要大棒

用你的钱投票！

——布伦特·斯兰克林（Brent Schulkin）

"胡萝卜族"环保运动创始人

"用钱投票！"

这一理念在美国非常流行，它也是"胡萝卜族"环保运动的口号。① 我们在洛杉矶见到了"胡萝卜族"的创始人布伦特·斯兰克林，并约他在其加州的办公地点见面。"胡萝卜族"成员的平均年龄在 25 岁上下，他们身着牛仔裤、篮球鞋，围坐在公共区域的桌边，长时间啜着咖啡，轻松自在又认真专注。布伦特·斯兰克林在斯坦福大学求学时，就已经参加过反垄断示威游行等活动。他认为这些活动的效果会随时间渐渐消失，发挥的作用十分有限。他越发感到灰心丧气，决定换个角度看问题。他提出了"要胡萝卜，不要大棒"这一理念，继而催生了"胡萝卜族"环保运动。

联盟运行模式是怎样的？

"胡萝卜族"环保运动代表同一街区的居民向商店发起商品订购，并保证在某个确定日期给商店一份大额团购订单。接着，他们在这一街区举行大规模宣传，并发动各自的社会关系网络。每个顾客要在商店里购买至少一件商品。作为交换，

---

① "胡萝卜族"（Carrotmob）环保运动摘要："500人的消费所带来的收益足够帮助一家餐厅进行能源改造；1000人的消费能够帮助［……］一系列的餐厅使用通过可持续捕鱼活动捕捞到的鱼；10000人［……］足以说服出版社使用可再生纸张印刷书籍；100000人的消费［……］足以促进在当地新建工厂，从而创造出新的就业岗位；10000000人［……］足以说服国家电力公司生产运用100%的可再生能源进行电力生产。"

商店的负责人要把额外赢利的一部分收入投入店铺的修缮整顿中，让店铺更环保、更具社会关怀（比如把电灯换成节能设备、安装太阳能板、引进当地产品、给残疾人购物提供方便等）。商店可以自己着手革新，或者由联盟提供专家志愿者指导商店改造，这些专家中包括审计员、能源方面的顾问等。然后，联盟挑选出那些从收入中拿出最高比例用于修缮改造的商店，在事先约定好的一个日子，组织大批顾客到此店大量购物。显然，人流量是这些活动成功的关键。

双赢

从商店的角度看，这种活动的好处挺多。商店可以得到一笔修缮经费和"广告营销"。顾客则非常开心能够参与到一次如此有趣的活动中（装扮成胡萝卜或者兔子），而且这样的活动会对周边的商店带来积极的影响。

现在，"胡萝卜族"在全世界20个国家组织发起了250次宣传。商店提出的改进方案五花八门：安装一面植物墙、给一幢楼安装隔热保暖设备、更换供应商、更换供电商为环保供电商等。虽然投入的资金非常有限（至今，在全球各国的活动中，收入最大的一笔共10万欧元，返投到巴黎贝尔维卢瓦的酒吧，更换了酒吧的窗户），但确确实实具体落实到位了。其实，通过参加"胡萝卜族"环保运动，消费者拥有了切实改变的力量，学会了采取直接行动的方法。虽然"胡萝卜族"的力量至今仍然有限，但如果成员达到 100 万呢？我们可以想象那时的影响力将会有多大。

你想组织一次"胡萝卜族"活动，让你家附近的商店发生积极的改变吗？ WiFU 参与了两次巴黎和里尔的"胡萝卜族"环保运动，遇到了弗洛里安·纪尧姆（Florian Guillaume）这位法国"胡萝卜族"环保运动推广者。他给了我们几个在家附近组织活动的关键点：

> 建立一支队伍；
>
> 上门联系商店；
>
> 确定地点；
>
> 招集参加者；
>
> 确定活动日期；
>
> 和商店一起做最终总结，依活动收入评估哪些改造可以操作。

最后一个关键点，当你穿上环保兔子装的时候，一定要记住，滑稽搞笑点也没什么！

尼古拉·勒都莱克（Nicolas Le Douarec）
Buzzcar 汽车公司联合创始人
法国，蒙特勒伊

法国，Buzzcar 汽车公司

马克

拥有还是分享

　　人类试图赋予车辆社会属性，但车辆却变成人类自我的
延伸。

——尼古拉·勒都莱克

　　在开始阅读这篇报道之前，让我们看一眼全球数据：全
世界每 1 秒钟即卖出 2 辆汽车，全球 72 亿人中有 10 亿人开车。

　　在法国，每辆汽车平均每天行驶 1 小时，即每天停在停
车场里 23 个小时。当汽车行驶时，在 80% 的情况下，车内
仅有 1 位乘客。Buzzcar 汽车公司联合创始人尼古拉·勒都莱
克对我们说："我们拥有一件神器，但我们却在用极其愚蠢的
方法使用这件神器。在 95% 的时间里，车都是停驶的，却每

160　年耗费车主 5000 欧元。优化车辆使用的潜在空间是巨大的。"在此篇报道后，Buzzcar 汽车公司被车辆共享领域的龙头企业 Drivy 收购。

现有资源的最优化利用

第一个问题：开车 10 次就有 8 次车里仅坐 1 个人。解决方案：搭车。第二个问题：一天 24 小时，有 23 小时车辆停驶。解决方案：车辆共享，就是互相租车，主要是邻居间互相租车。尼古拉说："我们致力于优化邻近车辆资源的使用。"得益于社交网络，Buzzcar 汽车公司提供了一项服务，车主可以非常便利地将车租给邻居使用。车主可自主定价，租赁期间，车辆上有全额保险，如果用到了保险，车主的汽车保险费的优惠折扣仍然不受损失。使用者在 Buzzcar 平台注册，预定车辆，缴纳预付款。和车主约好拿车钥匙的日期、检查车况。一旦租用完毕，使用者付清全款。多方从中受益。用车人可以在需要时从住所附近租车。车主不用车的时候可以挣点钱减轻汽车开销：车险、维修、停车费等。每发生一笔租赁，Buzzcar 汽车公司便从中提取 30% 的佣金（用于支付保险、拖车费、担保金、处理违章等）。

尼古拉头脑清晰，也非常现实。"在大城市，汽车现在是、将来也是最好的出行工具。法国人 80% 的出行都靠汽车。

但以前，我们拥有物品的所有权，容不得别人使用，即使物品的使用次数少之又少，还特别昂贵。"于是，他开始致力于使现有资源配置最优化。"每制造一辆汽车，就会往大气中排放 5~6 吨二氧化碳，和汽车行驶五六年的二氧化碳排放量相当。可持续发展是充分利用现有资源的最好方法。"对尼古拉来说，最好是长期使用现有汽车，他不赞同为了应用环保科技而大规模更换现有汽车。

现在，Buzzcar 汽车公司在法国拥有 5 万用户，覆盖城市、城郊和农村 5000 个社区。尼古拉微笑着说："使用我们服务的人首先是思想开放的人。有些人甚至不会把车借给自己的老婆，我们面向的可不是这部分人。"对尼古拉来说，使用者首先给他周边的社区提供了方便，而经济获利则是其次的。车辆共享在法国发展迅速，这一领域中目前有 10 余家企业。

占有还是分享？

车辆共享同时涉及社会两大问题：可持续城市交通运输和协作消费。尼古拉认为，协作消费"源于对大机构的不信任，这让人们在互联网上联系起来，发明创造新的消费方式"。

使用产品必须要拥有产品的所有权吗？这就是协作消费提出的许多问题中的一个。为什么要在家里放一个钻头呢，终其一生这个钻头平均仅使用 13 分钟？我们需要的是洞，不是钻头。经济学家杰里米·里夫金（Jeremy Rifkin）[1]谈到所有权时代到使用权时代的转变，物品的象征性意义减少了，而功能性意义增强了。

　　如今，除了车，消费者还能共享（或者出租）住宅、出租车、能力、工作空间（co-working）、生产工具（fab lab）[2]等。互联网和社交网络的威力催生了这类运动。尼古拉总结道："这些运动让人们的关系更紧密，使人们发明创造出一种社交及消费的新方式。"

---

　　[1]　杰里米·里夫金（Jeremy Rifkin），美国评论家、社会及科学展望学专家。

　　[2]　fab lab（fabrication laboratory）是一个向公众开放的空间，里面有各种各样的工具供人们使用，尤其是由电脑控制的智能工具，可用来设计或制作物品。

阿兰·菲利普（Alain Philippe）
法国协作网络（Accorderie de France）
主席
法国，巴黎

法国，法国协作网络
马克

交换能力

当我们不使用货币，人与人之间的关系就得到了改善，良好的人际关系会改善社会关系，促进社会融合和社会平等。

—— 阿兰·菲利普

魁北克的发明

"协作"（accorderie）① 这个概念是于 2002 年在魁北克发

---

① 最初，这个观念被称作"绳缆"（la corderie），因为绳子能够结成网，它代表着将人们相互联系在一起的观念。最后，人们选用了"协作"（accorderie）的表达方式，因为这个词强调了相互联系和相互合作的观念。

164　明出来的，旨在让同一街区的居民聚集起来，彼此交换各自能够提供的服务，而不付任何金钱形式的报酬。如今，每年有 2000 多名成员在各自的街区中互相交换了 1000 多次服务。

7 月初，我们于法国工商业保险基金会（la Mutuelle d'Assurance des Commerçants et Industriels de France, MACIF）在巴黎的总部见到了 MACIF 基金会前主席、现任法国协作网络主席阿兰·菲利普。他在到魁北克的一次旅行中，在圣罗什街区（Saint-Roch）了解到这一概念，并将其带回了法国。基金会对此申请了知识产权，目的是保护此项目的初衷，即"做魁北克哲学的守护者"。这一哲学理念基于三点：抵制不稳定性、促进社会融合和发展行动力。巴黎市政府与 MACIF 基金会合作，于 2009 年在巴黎 19 区联合建立了首个法国协作组织。

去货币化交换

每个协作组织都聚集了同一街区的居民，他们被称为"协作者"，把自己能够提供的服务免费提供给组织中的其他成员。Extranet 网站能够让他们看到所有成员提供的服务和其他"协作者"的联系方式，这样他们可以就服务及交换服务的时间达成一致。

每个成员都有自己的时间银行：当"协作者"提供服务的时候，计时器账户数字就增加；当他请求别人提供服务的时候，计时器账户数字就减少。提供 1 小时服务就可以得到 1 小时服务，不分服务内容和服务难度。阿兰·菲利普说："1 小时哲学课和 1 小时家政服务价值等同。服务的交换是基于关系的平等。当我们不使用货币，人与人之间的关系就得到了发展进步，好的人际关系能改善社会关系，促进社会融合和社会平等。"其实，在一个协作网络组织中，可用于交换的货币是时间，不是欧元。为了保持体系的正常运转，每位组织成员需要不时地提供服务或请求服务。阿兰·菲利普说："这是交换行为，不是志愿行为。"一个协作网络组织要成功运转起来，需要所有的协作者参与。参与组织的日常管理，时间银行账户的数字也会相应增加，他们可以将其用于享有别人提供的服务。

烹饪课、吉他课、英语课、哲学课、家政服务、衣物熨烫、整理花园、家居维护……差不多所有类型的服务都可以提供（道德不允许的除外），只要是成年人，都可以免费在网上注册。阿兰·菲利普说："很多人的第一反应会说不知道怎么操作，实际上，当他们开始深入接触之后，他们每个人都会觉得自己有能力为大家提供服务。"

社会货币

阿兰·菲利普说："这是一种社交货币体系，货币就是时间。这种社交货币实际上是对目前所用货币的一种补充，就

166

如同紫罗兰币（Sol Violette，法国图卢兹当地货币）和尤斯克币（Eusko，巴斯克地区当地货币）一样。"法国协作组织让大家彼此提供的服务非常实用。除此之外，还让经济并不宽裕的家庭不用花钱就可以享有某些服务，并可以通过提供服务积攒时间以备更必要的支出。

在家附近成立一个协作网络 [①]

一开始，协作网络的组织者需要组织动员同一街区的居民及社会相关各方人员，思考行动方案。组织需要由一个心系社会的道德模范领导，这位领导者需要（与街道办事处、社会中心、娱乐中心等）有较好的社会关系。阿兰·菲利普说："为了协作网络组织能够不受干扰地开展活动，组织需要在财政上得到当地机构的支持。"这些条件具备之后，协作网络集团总部有权决定是否授权创立新的协作网络，全程参与新组织的建设及后续。

自从巴黎创立了首家协作网络组织之后，法国共有 14 家协作网络组织得以创建，2600 位组织成员彼此交换了 1 万次

---

① 当地交换系统（SEL）是一种来自"协作"观念和补充性货币观念的交换方式。它能够让在同一个区域居住的所有居民交换他们的能力、专业技术，同时也能够交换产品。在这个系统中，人们使用其特有的货币进行交换和结算。这些交换行为通常是根据时间来估值的。

服务项目。类似的概念也在希腊、意大利、智利兴起。在摩洛哥的拉巴特·萨勒地区建立，一个新的协作网络组织已经提上议事日程。在英国，时间银行现象非常流行，这一设置让企业之间得以互换时间，用于物料的租赁或者员工的出借。

　　像补充货币一样，时间银行能够有效地改善低收入家庭的状况，让每个人的能力有价值，让人们重新认可自我，让社会不再隔阂并建立了很多的互助网络。对于项目的发起者来说，也是一种美好的经历。关于这点，阿兰·菲利普对那些年轻的组织者说："行动起来吧，但是要在社会和团结经济（l'Économie sociale et solidaire, ESS）中行动。在 ESS 经济中，我们不会陷入悲惨的境地，也不会停留在长久的挣扎中，而完全是在努力奋进的过程中，这个蓄势待发的阶段是非常重要的。与传统方式唯一的不同在于，我们不追求资本利润的最大化。"

3

责任金融、小微企业和公平贸易

责任金融

格雷格·福特（Greg Ford）
金融观察（Finance Watch）公关部负责人

比利时，非政府组织金融观察

西尔万

如果金融服务于大众利益？

看不见的手应该是看不见的众多原因之一，可能是因为它本就不存在。

——约瑟夫·E.斯蒂格里茨[1]

2008 年 1 月，科维尔（Kerviel）事件曝光，震惊了法国：一位证券交易员绕过了一家世界级大银行的风险监管，违规操作，让这家银行差点破产，并造成了高达 50 多亿欧元的经济损失。紧接着，美国房地产泡沫破灭，与此同时，一件金

---

① 约瑟夫·E.斯蒂格里茨(Joseph E. Stiglitz)：《当资本主义失去理性》(*Quand le capitalisme perd la tête*)，袖珍书出版社（Le livre de poche），2005 年。

融丑闻被披露：某些信用程度较低的金融机构发放次级抵押贷款，其放贷额度已远超房主偿还能力。2008 年 9 月 15 日，商业银行雷曼兄弟宣告破产，与房产抵押贷款相关的金融风险衍生品让其遭受了 40 亿美元的损失。接下来发生了一场前所未有的住房危机（在底特律及美国其他城市，很多人搬离住所，大量企业破产）。这场危机给全世界造成了持续影响。

而今，银行业发展欣欣向荣。银行不断推出更复杂的产品，并通过强大的压力集团影响着华盛顿、布鲁塞尔和伦敦的政策走向。那么，怎么对抗这一体制呢？是否存在一个组织，在面对这些压力集团时能够捍卫人民大众的权利呢？是否存在一个属于人民大众的金融压力集团呢？答案是肯定的，它就是"金融观察"——对抗垄断金融的最后一道壁垒，其宗旨就是：让金融为大众服务。

以小搏大

欧洲议会大厦台阶前的 28 面旗帜静静地竖立在那里，它们是欧盟成立近 68 年来和平与团结的象征。但在议会大厦周围，凶猛的攻势正在酝酿。大厦周边布满了银行代表处、律师事务所以及聘请了各类专家的大型企业集团。它们共同拥有一个不光彩的名字：压力集团。他们每年有 3 亿欧元的活动经费，用于影响布鲁塞尔的决策。在全球范围内，这是压力集团的第二大聚集地，仅次于华盛顿。在其对面的申诉者阵营中，金融观察的律师每年仅有 200 万欧元经费。那主要出资人又是谁？欧盟、金融观察成员（还有其他非政府组织、工会、消费者协会等），他们通过费用摊派或私人捐款，表示对金融观察的支持。

大体上看起来，金融观察的办公室和任何一个压力集团的办公室没有什么不同。摊在办公桌上的各国财经日报、关于欧盟议会辩论的厚厚的通告、身着西装神采奕奕的年轻人……这些都非常相似。但是，他们的言论与周围金融圈里的老生常谈却截然不同。"在欧洲，金融不创造财富。全世界重要的金融机构有几百家，但年轻人的失业率仍高达 25%。"对于金融观察公关部负责人格雷格·福特来说，金融对实体经济的发展不起一点作用，只是对金融行业及行业参与者有用。他说："应该重新确认金融最初诞生的原因，确认金融在社会中应担负的最主要作用，金融存在的目的应该是为生产提供所需资金。"简而言之，金融观察的主张就是：管制金融，让金融服务于实体经济。金融观察遇到的最主要的困难是与压力集团对抗时体量上的不平衡。实际上，一支仅仅拥有 13 位优秀成员的队伍，要对抗在布鲁塞尔的 1700 多家金融压力集团，是非常困难的。

打破现状

"2010 年 6 月，大量金融领域代表请求约见欧洲议会议员，一些议员对此忧心忡忡。"我们可以在金融观察的网站上读到这样的话。欧盟绿党议员及经济事务委员会成员帕斯卡尔·康凡（Pascal Canfin）担心，当前正值危机过后、全力调控市场的特殊时期，压力集团会对此带来负面影响。对于欧洲议会缺乏金融抗衡力量，康凡感到非常气愤。他与另外 21 位欧盟议员一起发起了一项呼吁，号召解决这一不平衡。这一举措得到了热情响应，仅仅几天，"呼吁建立一个金融观察独立组织"的活动随之组织起来，并得到了 200 位法国及欧盟议员的支持。格雷格·福特说："2010 年 12 月，一些最初发起呼吁的议员决定资助一个维期半年的筹委会，讨论为在金融领域改革讨论中有效代表社会发出声音，是否需要建立一个新的独立的组织。"最终，于 2011 年在比利时创立了一个国际协会：金融观察。

格雷格·福特这位神情严肃的英国年轻人，是金融观察这一组织的代表人物。他的走路步态、言辞用语，就是一位典型的金融从业者的风范。但是，他已经"悔过自新"了。格雷格在伦敦大学国王学院研究经济，之后，高就于国际五大审计事务所之一，再后来，在金融时报集团旗下的一家报社做财经记者。他的履历完美到无可挑剔。但 2009 年，当金融危机在欧洲肆虐时，危机的爆发让他幡然醒悟。从 2010 年起，他改变了人生航向，决定投身到金融体制改革中。如今，他负责金融观察公关部，而且，与金融观察一起经历了几次胜利。金融观察刚成立仅仅几个月，就向欧盟议会的议员们做过多次申诉，促使议会就禁止"无担保信用违约掉期"发起了一次投票。这些保险合同有漏洞，允许就国家主权债务偿还担保进行投机，实在是荒谬。数月之后，金融观察就高频交易（通过交易软件每微秒即可发起交易指令）、农业原料投机、评级机构权力监管、储蓄银行和商业银行的分离，分别提出了申诉。当然，金融观察不会每战即胜，但至少在这些被支持放宽管制的压力集团、天天阿谀奉承的议员们的耳边，他们奏响了一曲别样的乐章，他们提醒议员们，金融需要担负起相应的责任。[1]斗争是必须的，怎样挑选哪些斗争是恰当的呢？格雷格回答说："我们选出那些我们能做得不一样的，放在全体大会上投票。比如说，我们不会碰金融交易税这一主题，因为另一个组织已经在做了，而且做得非常好。"

普及金融：强劲的挑战

格雷格说："雷曼兄弟已经倒闭五年了。我们能感觉到，随着政治家们的记忆淡去，改革金融体制的意愿开始萎缩。但是，别忘了，如果我们不解决问题，这些错误还会再犯，而且会更严重。"如果不能让话题成为街头巷尾热议的大众话

---

[1] 根据联合国的一份报告，仅2013年第一季度，英国保守党就有25名欧盟议员与75名金融业代表会面。

176 题，又怎么能向这些政治家施压呢？格雷格认为："先得公众有对此话题的热情，继而才有政治和司法的关注。"然而，面对这个不见踪影又不可驯服的金融恶魔，人们往往无计可施，而找到方法打破这一无力感，是让公众对此热议的不可或缺的先决条件。引起公众对负责任的金融的讨论，这是金融观察成功的关键之一。他们的行动范围也取决于此。

但是，如何让大众对金融机构感兴趣呢？这一金融体系曾经让他们失望，甚至伤心透顶。预算经费这么少，需要创新才行。金融观察团队举办了十几次网络在线直播讨论会，回答一些简单的有启发性的问题：为什么要把银行的各项经营活动拆分开？为什么目前的调控不能阻止新的危机发生？什么样的解决方案能够让金融为社会服务？讨论就在这一问一答中逐渐变得清晰易懂，网民们甚至能够就负责任的金融体系提出一些具体的行动建议，当然也有人会就此下结论说，"这个已经超过我们的能力了，我们什么也做不了"。另外，金融观察还给淹没在信件和公函中的欧盟议会的议员们寄去了相关主题的漫画。这还真起了作用！他们采取了一系列的创造性举措，强化立场，删繁去简。

让社会听从指令

金融观察的主要目标是让金融为大众服务。为了实现这一目标，金融观察向欧盟的决策者们提出了下述被认为是最主要的改革建议。

第一，把投资银行与储蓄银行活动划分开，不仅是为了避免在储户身上发生投机风险，更是为了减小"巨型银行"（如法国兴业银行、巴黎国有银行、德意志银行、汇丰银行、巴克莱银行等）的庞大体量和广泛的权力。根据金融观察，这一点是其他大部分改革的前提条件。大型银行集团有一种观念，认为自己不在监管范围内，因为它们被认为"庞大到不会破产"。这意味着，万一即将面临破产时，国家政府会考虑到它们对经济所起的关键作用而为其提供保护方案。归根结底，还是纳税人承担了责任。这一特权会导致一个恶性循环，即由于国家承担银行发生的风险，国家就必然进一步增加银行的体量。

第二，银行资金的增加加固了目前的金融体系。金融观察批评就杠杆效应做出规定的《巴塞尔协议 III》（*Bâle III*）太过保守谨慎，认为应该最小化破产风险，而且这一风险应该让银行自己承担，不应让纳税人承担。金融观察采访了罗伯特·詹金斯（Robert Jenkins），他以前是从事金融行业的。罗伯特总结了一些潜在的问题："银行压力集团想让你们相信，更高的股权和更少的杠杆会阻碍经济增长，延缓经济复苏。如果你掉进了这个陷阱，你就会在短期阻碍经济发展和长期有利于国家稳定之间犹豫不决。银行家就是在利用你的恐惧。"

第三，通过周边银行实现金融与当地经济之间的关系重建。金融已不再能够推动实体经济的发展。只有让金融家与生产者联合起来、让金融资金投入生产领域，才能够重新振兴经济。金融观察为推动当地经济发展，鼓励建立当地与地区性的银行网络。但是，格雷格说，为了这一主张切实可行，需要一个风险的量化方法，去中心化的决策机制和谨慎的风险管理，也就是传统的银行模式。

对我们的民主机制的健康运行来说，金融观察是否不可或缺？是的，当然是这样。对于对抗一个封闭的、复杂的、不透明的体制来说，金融观察所采取的行动是否足够？可能还不够。巴黎政治学院的教授、《欺诈》一书的作者梅拉德说："所有关于道德和调控的言论都不可能起到任何作用，因为金融体系精心设计出来就是为了规避规章制度。"[1]

所以，虽然金融观察的所有行为都必不可少，但是活动余地有限，公众需要亲自设计属于他们自己的有道德的金融模型。在法国，NEF合作银行、埃里考风险投资公司、紫罗兰币和宝宝贷等企业和组织正在推动这一领域的进步，在接下来的章节中会一一介绍。

---

① 梅拉德（Jean de Maillard）：《欺诈》（*L'arnaque*），弗里欧书社（Folio），2011 年。

茉莉·詹森（Julie Janssens）
比利时交互信贷合作银行（Crédal）
公关部负责人
比利时，布鲁塞尔

法国和比利时，法国 NEF 合作银行和比利时交互信贷合作银行

西尔万

付款还是智慧投资，由您决定

钱给人带来权力，使用它！

——茉莉·詹森

　　钱有什么用？钱鼓励发展何种社会？购物、付电费、投票、储蓄，都需要钱。根据银行的投资而非广告里的宣传选择这家或者那家银行，捍卫钱的价值，这是理想的模式。自20 世纪 80 年代起，远远早于雷曼兄弟公司破产和纳税人对私有银行的青睐，就有一些人高瞻远瞩地选择了实体经济作为投资对象。这些革新者不再在银行开设账户，不再把存款交给银行，而是开设了自己的银行机构。从法国到比利时，WiFU 计划拜访了两家姊妹合作银行，他们怎样投资就怎样借

180　贷，信用至上，道义为先。我们的报道中将涉及法国 NEF 合作银行和比利时交互信贷合作银行。

合作金融概览

进入合作金融领域就得吐故纳新。首先，得从心理上做好准备，不受广告和营销的影响，全盘更新以往的固有观念。不能仅仅考虑经济收益，更要思考社会效益。其次，要摆脱对传统金融路径的依赖，重新抬头看路。最后，还要重新思考金钱作为捍卫公民权利的工具，睁大眼睛看清银行把钱投在了哪里。

如果你想绕开那些反复爆出经济丑闻的机构，如果你想知道通过什么办法可以预防偷税漏税，如果你想知道是谁在持续破坏经济环境，是谁在共同出资资助军工等工业，那么，读这篇文章就对了。

愤怒的情绪不是一朝一夕形成的，对抗的行为也非刚刚开始。建立法国的合作银行是受到德国、荷兰和两国国有银行的启发。20 世纪 70 年代，因为第二次石油危机，失业率增加，社会不平等加剧。在法国和比利时，人们在思考如何能够让钱增进社会福祉，具有社会价值。比利时交互信贷合作银行前主席米歇尔·格勒内（Michel Grenet）在 2003 年曾提到："那时，在南非发生的反对种族隔离的左派天主教运动，让人们关注到比利时银行在南非所起的作用。于是，人们开始追问，银行拿他们的钱到底在做什么。"①六年后，他成为比利时绿色和平组织主席。

这些人下定决心，克服重重困难，坚定地联合起来。很快，大家感到有必要建立一个组织来领导这项运动。于是就出现了一种新型银行：合作银行。法国 NEF 合作银行始建于1979 年，紧接着比利时交互信贷合作银行于 1984 年成立。那个时期，它们的核心任务是管理储蓄资金和财政盈余，建立担保制度，发展金融互动关系。1984 年，NEF 受一项新的银行法约束，不得不改弦更张。接下来的四年中，法国就此展开大量讨论，最终建立了法国第一家金融股份合作有限公司。公司最初有 650 位职员，现在的职员数量是原来的 50 倍之多。

回归传统银行模式，追求合作

里昂东边沃昂夫兰（Vaulx-en-Velin）的卡雷德苏（Carré de Soie）街区，是昔日的纺织工业重地，如今所谓的治安"敏感"地带。我们在这儿有个会面。我们看到的是安静的街道、崭新的环保型建筑，眼前所见与媒体中汽车被烧的报道相差

---

① 参见《瑞士交互信贷，社会金融先锋》（*Le Crédal, pionnier de la finance sociale*），《比利时自由报》（*La Libre Belgique*），2003 年 12 月 12 日，http://www.lalibre.be/economie/libre · entreprise/le-credal-pionnier-de-la-finance-sociale-51b8819e4bode6db9a99994。

甚远。建筑物大量使用太阳能板，正面是极现代的木质构架，我们还以为走进了一幢环保建筑实验室，一块巨大的落地玻璃后面是 12 家合作企业，他们是这里的投资方，旁边是 94 所社会性福利公寓。法国 NEF 合作银行是这 3500 平方米空间的共同产权所有者。

NEF 发展部负责人弗雷德里克·慕戈力（Frédéric Moukarim）接待了我们。他说："这种组织形式创立于 1988 年。近几年，伴随着民众合作储蓄意识的觉醒与进步，我们才得以迅速发展。"目前，民众对不受管控的金融机构心怀不满，所以，合作银行很有可作为的空间。它的宗旨很简单：回到所谓"传统"的银行业最初的功能，也就是一边聚集存款、一边放贷。因为与广告所宣传的相反，公众并不要求"更多、再多一点"，而是单纯地期望最基本的金融功能得到保证即可。然而，就是这点也并没有得到实现。

另外，法国 NEF 合作银行格外注重道德、公益层面的影响，主要选择支持的项目都是着眼于它们带来的社会和环境增值。因为在这里，融资并不立足于短期、冒险的赌注。投资是透明的，项目是实在、可靠的，贷款受益者在本国发展中扮演重要角色。话说如果您曾经穿过薇娅（VEJA）的鞋、品尝过阿尔特·艾可（AlterEco）的巧克力，或是送您的孩子去施泰纳（Steiner）学校上学，某种程度上都要感谢法国 NEF 合作银行。对于编入受益人名录的约 200 个项目也是如此，该名录信息透明，在银行官方网站就可以看到。

除了道德投资，这种新式银行尤其因其透明度而与众不同。它们格外珍视透明度，通过合作的方式来保障。因为像在恩奈科普、Biocoop 与其他股份制企业一样，"一人一票"的原则是不可挑战的。任何公民通过购买股份，以股息或其他方式取得报酬，而且成为股东后就可以参加股东大会，表达自己的观点，尤其是在选举领导机构时。股息虽然从不超过 2.5% / 年，但股东可以自己确定将来要拿到的股息比率（在法国最受欢迎的储蓄账户类型——A 类储蓄账户和可持续发展储蓄——虽然免税，但是根据 2015 年 8 月 1 日的数据，收益率艰难地维持在 0.75%）。

协会团体和被银行排除在外的人从中受益

我们现在在法国 NEF 合作银行的姊妹银行比利时交互信贷的总部，距离里昂 700 公里。我们所在的新鲁汶大学城，距离布鲁塞尔约几十公里。西尔万曾和马丽娜·弗洛德罗波（Marine Flodrops）一起在里昂学习金融，现在她是交互信贷的职业贷款顾问，说话时带有明显的比利时口音。马丽娜不再说"银行"而说"合作银行"，不再说"顾客"而说"受益人"，不再说"储蓄账户"而说"股份"。我们仿佛听不懂她的法语了一样。除了马丽娜大大的笑容，我们感觉一切都颠倒错位了。

1985 年的面包业职业安置计划"走出困境",是第一个得到交互信贷贷款的受益项目。从那以后,交互信贷越来越熟悉贷款业务,发放的贷款越来越多。仅 2013 年一年,它就向将近 2000 个项目放贷。有的贷款发放给个人,因为有些人进了传统银行的所谓"黑名单",有些人因创业失败而失去工作,目的是让他们能够重新启动业务;有的贷款用来鼓励农业和清洁能源的发展,还有的贷款用来扶持再就业安置公司、体育俱乐部、青年服务中心、医疗机构、生育计划。联络专员茱莉·詹森总结道,反正就是提供贷款来"描绘我们期望的社会蓝图,在那里我们的孩子能够健康成长"。

借贷? 是的,但不仅限于此

交互信贷的作用是陪伴客户经历每一个阶段,并及时给予帮助。"撰写商业计划"或"向投资者展示项目规划",这些培训由该银行免费向求职者提供,因为在贷款背后隐藏着工作机会。就拿 2013 年来说,由交互信贷投资的项目创造或保留了众多岗位,全职人力工时(ETP)达 3823 小时。[1] 另外,也有在合作银行内部创造的就业岗位。实际上,根据茱莉的讲述,自 1985 年"该机构只靠志愿者运行"以来,在创

---

[1] 数据来自交互信贷 2013 年经营报告。

造就业岗位方面已经做了很多。现在，整个机构实现了专业化，聘用了 41 位专职工作人员。

趋同的国家特殊性

21 世纪初，交互信贷受发展中国家启发，在比利时首次提供小额贷款业务。这是一种数额不超过 1.5 万欧元的微型贷款，比欧盟法规定的数额低 1 万欧元——这是为避免该行业产生不可控风险设立的最高额度。职业小额贷款业务面向"被银行排除在外的人，以使他们能开启职业活动"。茱莉向我们讲述了一位年轻人的经历，"他 18 岁时买了一辆车但没能及时还贷，被国家银行登记在了失信名单，所以不能再贷款了。我们选择信任他，让他能够开一家自己的花店。结果呢？现在运转得超级好！"这就是在银行眼中的一类风险群体——失业的企业家。

然而，茱莉强调道："获得交互信贷的贷款并不简单，这并不是随随便便能得到的贷款。"马丽娜为我们打消了这个顾虑，她认为对档案材料的严格审批，这也是为了保证"贷款能持续改善申请人的生活条件"。另外，茱莉补充道："虽然看起来很矛盾，但是我们提供的贷款能够防止负债。"

为保持公正性（"因为我们已经见过了受益人"），马丽娜亲自审阅材料，但从不做出给予贷款的最终决定。这个决定是由一位财政专家、一位社会事务助理和一位企业家组成的外部委员会做出的。对合作银行来说，这也是一个预防贷款人不还贷从而造成损失发生的好办法："第一次发生不还贷情况时真是让人震惊，因为它发生在我们合作银行成立 10 年之后。"除去保证基金弥补的损失，最终由交互信贷承担的损失平均在 0.5% 左右。

法国 NEF 合作银行近期决定在"在家贷款"（Prêt de chez moi）平台上试验参与式网上微型贷款。这个有点像宝宝贷的思路，但它开发了一种鼓励人们参与当地项目融资的工具，更加地方化。帮助让 – 卢克（Jean-Luc）为一个蒙古包生态旅游项目融资，陪伴达尼埃尔（Danielle）扩大她的绿色贸易，协助阿兰（Alain）在尚贝里（Chambéry）的书店扩展网上业务，这些都是这一新型贷款方式在罗纳 – 阿尔卑斯地区（Rhône-Alpes）的成功案例。

应该说，法国 NEF 合作银行作为法国第一个金融合作信贷机构，是拥有创新能力的。2013 年年度结算时，3.4 万会员的存款使它的资金达到 1.43 亿欧元（同年，交互信贷这一数字为 2500 万欧元）。次贷危机后，交互信贷的资金翻了一番，同样，法国 NEF 合作银行的资金也有了大幅恢复，每年账户的增加速度为 10% ~15%。虽然很难与法国"大银行"的业务量相抗衡，但法国 NEF 合作银行通过参与深度改变社会的项目融资，耐心地在合作经济领域内扩展自己的网络。

在很长一段时间里，法国 NEF 合作银行只能将储蓄存入合作伙伴合作信贷（le Crédit Coopératif）的户头，因为合作信贷是法国人民银行（la Banque Populaire）的分支机构，而 NEF 从未拿到开立银行的许可证，没有资质开设活期账户、支票和信用卡。如今一切都大功告成了。2004 年，在成立的第 25 个年头，在法国 NEF 合作银行全员几乎一致的表决赞成下，这家金融合作企业华丽转身，成为一家社会银行。弗雷德里克明确表示，这种方式可以"直接管理成员储蓄、稳定资金状况，从而提高发放贷款能力"。

未来欧洲互助银行的诞生

团结就是力量。欧洲众多合作银行对这一点了然于胸。因此在 2003 年 6 月，它们其中的 6 家，包括法国 NEF 合作银行和比利时交互信贷合作银行，以及西班牙斐雅尔（Fiare）、德国奥可热诺（Oekogeno）、比利时爱弗波姆（Hefboom），法国道德金融合作社（la Cfé），成立了欧洲合作银行（TAMA）。理解 TAMA 这一缩写词背后的含义"There Are Many Alternatives"（"选择有很多"）很有必要。作为欧洲的第一家互助金融银行，TAMA 赋予自身的使命是"实现拥有共同价值观的合作银行之间的经常性合作，并捍卫'建立创新、生态、社会、参与性的欧洲是可能的'这一观点"。这些都写在交互信贷的网站上。这个姗姗来迟的神圣的互助金融机构，能否与欧洲传统金融巨头比肩呢？

这个目前还没有提上日程。已经加入的 6 家机构目前向 TAMA 账户注入了 30 万欧元，这笔资金将用于支持"欧洲转型中的代表性项目：新能源公民合作社，社会化、参与式的生态住房，群体居住环境，集体农垦用地购买等"。TAMA 2015 年号召公众增加储蓄，旨在募集 350 万欧元的资金。这是走向未来的欧洲道德银行的第一步。

转型世界的基石

前文中介绍的参与社会事业的各种组织——尤其是法国处于转型期的那些组织，如蜂鸟运动、恩奈科普、共享能源、法国 NEF 合作银行——都是公民社会这个巨大乐团中的艺术家，同时其他众多分散的民间团体也在努力构建这个乐团。几乎所有这些组织都在向我们唱响增强社会抵御风险能力、转型、复兴的颂歌。然而，要使颂歌流传，要使它严谨、恰当，需要各方的力量凝聚在一起，迫在眉睫的事情就是找个好的乐团指挥。但在这个金钱至上、银行权力正在挑战国家权力的世界，首先需要确定下来的是由谁来定下基调，由谁来根据社会环境效益支持或否决资金支持哪个项目，由谁来推进以民主和集体的方式投票通过投资，由谁来使海外账户上的储蓄发挥效能或决定将储蓄投资于哪个国家。选择透明不要隐晦，选择有具体产出的投资而非股东利润，选择实体经济而非投机行为。总之，就是要选择把我们的民主指挥权交到谁手中。因为错误的选择迟早会让所有协会、非政府组织、社会型企业甚至这里提到的或没提到的合作银行，向前推进的美好蓝图破灭，至少会失去其独立性。国家不是万能的，但公民可以，这需要借助于合作银行。

帕池·诺布利亚（Patxi Noblia）
埃里考（Herrikoa）公司创始人
法国，昂代伊

法国，埃里考公司

马克

风险投资公司股东拒绝领取分红

30年前，项目持有者来到我们公司，希望创造5～10个工作岗位。然而2008年危机以来，他们来我们公司只想为自己谋一个职位，而且没有多少个人财产。

——玛丽-克莱尔·萨拉贝里（Marie-Claire Sallaberry）

埃里考公司行政总裁

巴斯克（Pays Basque）乡下的芒迪翁德（Mendionde）和附近市镇的孩子们，今后可以在学校餐厅里吃上有机水果和蔬菜了。加罗合作社（la coopérative de Garro）种植有机蔬菜和水果，并销售给个人或者附近市镇的学校餐厅，而埃里考公司为合作社的建立提供了启动资本。公司的股东们可能无法从这项投资中获取丰厚收益，但是这家资本投资公司仍然决定投资这一项目，因为它在远离当地工作机会集中的区域创造了两个长期稳定的工作岗位。英国经济学家约翰·梅纳德·凯恩斯（John Maynard Keynes）曾说过："我们可以熄灭太阳和星星，因为它们不能给我们带来任何红利。"然而他怎么也没想到，几十年后的今天，一些顽固的巴斯克人竟然愿意投资毫无分红的项目。

昂代伊（Hendaye）与西班牙接壤，这里阴云密布、天幕低垂，但却是冲浪者的聚集地。我们与埃里考的创始人——帕池·诺布利亚在这里见面，当然了，我们不需要冲浪板。昂代伊的搜考公司（Sokoa，在埃里考项目下成立）也由帕池创立，这是未来世界创新计划项目的联合创始团队之一。马克为这家公司工作了一年半，已经听说了帕池所有的传奇故事：他有点神秘，但是广受敬重。我们见面的餐厅外面狂风怒号，四周客人稀少，大家都在用巴斯克语交谈，这个气氛正好适合我们聆听帕池讲述埃里考的创立故事。镜头回放，时间回到了35年前。

从淘气的小鸭到受尊敬的巴斯克公牛

巴斯克地区（巴斯克语中称为 Euskal Herria）有7个省，3个位于法国境内（巴斯克语中称为 Iparralde），4个位于西班牙境内（巴斯克语中称为 Hegoalde）。法语区一直以农业和旅游业为主，比较保守。20 世纪 70 年代末，失业率达到巅峰，一群要求巴斯克语重回校园的年轻人决定自己掌握命运，他们分析了失业现状。"年轻人希望留在巴斯克，但是这里没有工作。我们需要行动起来。巴斯克人相对保守，这里居民储蓄存款①比较多，但是一半的储蓄都投到巴斯克以外的地区了，因为当地经济活动不活跃，无法充分利用这些资金。"帕池回忆道："他们的主意很简单，将居民储蓄投入巴斯克当地的经济发展中。"帕池·诺布利亚和他的朋友们在法语区的城市广场上，组织了四十多场公共集会，询问与会群众，如果有一家金融公司会把募集到的资金再次投给当地公司，那么他们会给这家公司投多少资金。群众承诺的投资额达到了 45 万欧元，而且 98% 的承诺资金都到位了，于是 1980 年埃里考公司正式成立。当时埃里考公司有 700 位股东，包括 680 个自然人和 20 家公司。帕池·诺布利亚回忆说："建立之初，公司所处环境充满敌意，发展艰难，无论是银行还是商会都

---

① 尤斯克币（Eusko）是巴斯克地区的地方货币，是巴斯克法国区域货币之首。2012 年，埃里考公司成为尤斯克币项目的合伙人。该货币流通的主要目的在于便利当地贸易，鼓励一部分经济活动回归本土，支持符合人民利益的当地项目，减少环境影响，促进尤斯卡拉语（Euskara，即巴斯克语）的使用，并拓展尤斯卡拉语区。尤斯克币项目实行一年之后，已经拥有 500 家会员企业和 2700 名使用者。他们让 25 万尤斯克币流通起来，使它成为法国最重要的地方货币（1欧元 =1 尤斯克币）。

指责我们，既因为这个创意难以付诸实践，又因为他们认为创意倡议者们太'巴斯克'，以至于在政治上是可疑的。"随着资金逐渐合理地投入到各大企业，带动了当地就业，埃里考公司的政治印记逐渐模糊。随着公司资本的增加，曾经的反对者也被吸引过来，投资了埃里考公司。

现在，埃里考已经成为当地著名的金融公司。玛丽－克莱尔·萨拉贝里接受了我们的访问。她是埃里考公司历史性的重要人物之一，目前担任行政总裁一职。她将该公司定义为"家门口的私人股权投资公司"，尤其强调了"家门口"一词。30年来，埃里考公司为巴斯克地区保留并创造了2700个就业岗位，涉及360家企业。同时，公司还投资了各种类型的机构，而且优先投资巴斯克内地的企业，因为它们受到失业浪潮的影响比沿海地区更大。玛丽－克莱尔说："没有我们的参与，有些企业可能就无法建立、无法发展，因此我们衷心希望能够参与到这些企业的发展之中。如果有些项目能拿到传统投资，那我们公司就没有理由参与进去，因此我们针对的是风险项目。"埃里考不会取代银行的地位，而是银行和企业投资的补充。一般来说，银行为"投资机器"提供投资，而埃里考则提供企业运营所需的资金。

在资助一个项目之前，志愿者（包括银行管理人员、企业管理层、会计、律师等）组成的技术委员会要研究项目的材料，从不同标准来分析、决定是否应该实施资助。首先是项目的经济可行性和五年内可能创造的岗位数量这两个标准。玛丽·克莱尔希望我们了解现实："30 年前，项目持有者来到我们公司，希望创造 5～10 个工作岗位。然而 2008 年危机以来，他们来我们公司只想为自己谋一个职位，而且没有多少个人财产。"

埃里考公司属于"责任金融"（FINANSOL）[①]。这一称谓可以将责任储蓄产品和其他面向大众的储蓄产品区分开来。"责任金融"向储户保证，他们的储蓄资金会切实投入利于社会或者环境的活动之中，而且它在信息的互相关联和透明性上有一定标准。

被投资公司的经营活动的本质及其在当地的影响，同样也需要符合选拔标准。环境标准逐渐进入考虑范围。"格勒内勒二号法案"（la Loi Grenelle II）要求投资企业在年度报告中体现"在投资政策中考虑有关尊重社会、环境或者管理质量的标准的模式"。该法案发现，投资公司可以鼓励所投资的企

---

① 我们希望从责任金融中获得什么？责任金融使希望自己的资产变得有意义的储户、企业或者协会具有了强大的社会和环境效用，因为它们通过认购责任储蓄产品来资助有利于社会和环境的项目。受益机构不是上市公司，而且扎根于当地的企业，其活动仅限于公司所在地区。通过这些储蓄产品，储户参与到社会的关键领域当中，帮助对抗失业，促进生态农业、可再生能源和创业活动在发展中国家的发展，同时还能获得投资收益。

图 3.1　拉吕讷山（La Rhune Mountain）山顶远眺（法国 , 阿斯坎[Ascain]）

业尊重以上标准。玛丽·克莱尔很现实："我们不能强迫只有两个员工的微型企业跟拥有上百个员工的中小型企业一样落实无可指摘的环境政策。我们应该增强它们的环保意识，尽量带领这些企业逐渐走上环保道路，我们会成功的。"除了企业管理水平外，埃里考还会考查公司的员工分红、员工参与度、企业储蓄方案等。玛丽·克莱尔很骄傲地强调："目前，银行只研究纸质文件，不再考查项目持有者。我们跟其他同行和银行不同，我们会切切实实地考虑项目持有者的资质，因此，我们才能成为一家'家门口的风险投资公司'。"

196　　目前，埃里考公司已经拥有 4600 位股东，其中 55% 为自然人股东（不限于巴斯克人）。让居民储蓄服务于当地发展的梦想，已经成为现实。巴斯克地区 4% 的家庭都持有埃里考的股份。法人股东就是一些机构，比如阿基坦大区委员会、搜考等公司、当地银行和企业委员会。巴斯克人非常支持埃里考项目，在 32 个财政年度（28 年盈利）中，他们仅有 3 年提取了红利，其他 29 年都让红利继续留在公司中。埃里考的成功让法国各大区的很多人都羡慕不已，但是真正投身实践的却不多。在该项目的影响下，目前仅在科西嘉省出现了一家名为"弗姆依·基"（Femui Qui，意为"这里做"）的风险投资公司。

布律诺·德·梅纳（Bruno de Menna）
紫罗兰币（Sol Violette）发展部负责人
法国，图卢兹

法国，区域货币——紫罗兰币
马克

反经济危机的货币

> 货币应该切实促进财富的创造和交易，在这个过程中，货币的使用要符合环保、社会和本土原则。
>
> ——帕特里克·蔚五海（Patrick Viveret）
> 哲学家、随笔作家、紫罗兰币理念创始人

　　七月，粉红之城（图卢兹城的别称——译者注）色调偏灰。我们与布律诺·德·梅纳约好见面。这个笑眯眯的比利时年轻人刚抵达法国，他将参与紫罗兰币[①]的推广活动。天下着雨，我们整整一天都穿梭在图卢兹的大街小巷中，见到了很

---

　　① 目前，近15%的流通货币由欧洲中央银行发行，其他的由私人银行通过信贷来发行。

198　多为促进这种区域货币的发展而努力的人。

货币的角色

图卢兹大学的经济学家玛丽－洛尔·阿里普（Marie-Laure Arripe）把货币定义为一种"能够通过比较来估计财产和商品价值的计量单位。一头山羊值多少只绵羊？没有货币就无法知道答案"。紫罗兰币项目的协调者弗雷德里克·博斯凯（Frédéric Bosqué）用鱼的比喻来定义货币：

> 两条小鱼在闲逛，遇到了一条年老的鱼。小鱼问老鱼："你今天怎么样？"老鱼回答："非常好。"然后老鱼就问："水怎么样？"小鱼很疑惑，因为它们不知道什么是水。但是老鱼知道水对鱼的生存是至关重要的，水一旦被污染了，鱼类就会生病。如果缺水，鱼类就会死亡。水之于鱼，即货币之于人。

仅 2% 的贸易发生在实体经济中，其余 98% 的贸易属于投机行为。紫罗兰币的创始者帕特里克·蔚五海是一名哲学家，也是一位评论家。几周前，他对我们说："我们应该走出对里根－撒切尔时代的极端资本主义的错误信仰，重新创造出服务于实体经济的、与人类可持续发展相协调的体系。货币应该切实促进财富的创造和交易，在这个过程中，货币的使用要符合环保、社会和本土原则。"

服务于实体经济的货币

紫罗兰币项目的目标是发行服务于实体经济的货币，从而刺激一个地区财富和服务的持续生产，同时帮助群众重新拥有属于自己的货币，增进社会联系。

面对着接受紫罗兰币的"自行车之家"（La Maison du Vélo）连锁店的有机沙拉，布律诺向我们解释紫罗兰币的功能。1 紫罗兰币等于 1 欧元。使用者（紫罗兰币会员）可以在图卢兹某些商店使用 1 元、5 元和 10 元紫罗兰币进行结算。那么，这些会员都是什么人呢？他们包括但不限于"布波族"（bobos，俗称"小资"）、社会和团结经济的支持者。"箭币项目"（Sol fléché）由市政府实施，各个"失业者之家"（Le maison de chômeurs）承办，旨在将紫罗兰币发放给经济困难的人群。此举能够增强收入不稳定人群的购买力，促进他们的消费。

事实上，接受用紫罗兰币进行结算的商户（经营者）是当地积极参与紫罗兰币项目的经济活动者（有机食品店、非机动交通、生态住宿、公平贸易产品的制造者、书店、支持从当地购买食材的餐厅等）。为加入紫罗兰币网络，商户需要接受社会和生态标准的审核来获得许可。商户收下客人的紫罗兰币后，也可用这种货币与供货商进行结算或用于支付员工的工资，而员工们也能在接受紫罗兰币的机构用该币付款。商户不愿意把紫罗兰币存到银行，因为紫罗兰币是一种"在贬值的货币"。如果紫罗兰币存在银行没有使用，就会失去原有价值的 2%。该特性是在紫罗兰币诞生之初就决定的，这使得该货币仅用于流通，而不可资本化。布律诺解释道："紫罗兰币的周转率为 4~5 次 / 年，是欧元的两倍。"货币创造财富，因此货币流转得越快越好。货币交易越多，生产就越多，储蓄中的货币产生的财富则比较少。所以紫罗兰币能够增强附近地区的经济活力，也能找回货币最初的职能。

每位市民每个月都可以去银行用欧元兑换紫罗兰币。合作信贷（le Crédit Coopératif）银行和市政信贷（le Crédit Municipal）银行能够提供这种兑换服务。为了鼓励货币兑换，银行提供了优惠服务（20欧元可以兑换到21紫罗兰币），紫罗兰币使用者的购买力提高了 5%。而储存在银行中的欧元也促进了当地经济的发展，或通过小额贷款发放给经济困难的人群，或通过团结贷款借给有意向在当地开展活动的本土企业。

目前全世界的补充货币达 5000 种以上，第一种现代补充货币出现在 1932 年的奥地利沃格尔（Wörgl）。1929 年经济危机波及了这座小城，沃格尔市市长决定推行一种本地货币，以保证就业率，于是众多家庭无需再求助于德国马克。2001 年，经济危机席卷了阿根廷，造成货币严重贬值，于是 700 万阿根廷人转而使用"信用券"（Credito）。法国真正对补充货币感兴趣是在 2002 年，当时帕特里克·蔚五海向若斯潘政府提交了一份名为《重新思考财富》(*Reconsidérer la richesse*) ① 的报告。在报告中，蔚五海说："我曾表述过这样一个理念，应该改变我们和已经贬值的货币之间的关系。有些任务欧元无法完成，但是紫罗兰币可以完成，可以发展高附加值的经济活动，推动周边经济的发展。我还鼓励人们把紫罗兰币的使用纳入大众教育。"2008 年经济危机增强了欧洲对补充货币的兴趣。

市政支持

午餐快结束时，布律诺向我们介绍了让 - 保罗·普拉 (Jean-Paul Pla)。他是图卢兹参议院的议员，也是社会和团结经济的代表，刚好跟我们隔着几桌在吃饭。我们吃完结账后（用欧元付款，因为我们还不是紫罗兰币的会员），与让 - 保罗·普拉进行了交流，他提到了图卢兹市政府和"政治家"在紫罗兰币实行中的作用。市政府从一开始就大力支持这个创举，拨了 12 万欧元的财政预算来资助它 6 个月的试行阶

---

① 参见 http://www.ladocumentationfrancaise.fr/var/storage/rapports-publics/024000191/0000.pdf。

段。① 但是他又立刻提到政府角色的不同："有时候人们认为市政府主导了这一群众创举，但是市政府仅仅是推动紫罗兰币实行的众多参与者之一。在紫罗兰币的管理上，我们在全体会议和指导委员会中各有一票。"他还向其他政府的议员保证这个创举的合法性。如果一种区域货币由某个协会负责，且仅在会员之间流通，那么这种货币就符合法国的法律。最后，他认为："政治应该脱掉因循守旧的外套，支持从群众中来的社会性创新。"

2014 年 6 月，图卢兹市长重新选举，右翼政党上台，市政厅变了"颜色"。我们联系了布律诺，他向我们保证紫罗兰币项目不会受到影响。新的市政府表示会继续支持该项目，尽管还没有确定会提供多少财政支持。布律诺将这次变动视为一个机遇，而不是威胁："我们能够学会如何与拥有不同政治立场的政府合作，而且如果紫罗兰币能够抵抗住这场变动，那么它只会变得更加坚挺、可靠。"他的目标是该项目能够减少对财政支持的依赖。2008 年，紫罗兰币项目预算 100% 来源于政府，2013 年该比例降到 60%，其他资金则来自企业基

---

① 在图卢兹人民的共同建设之下，紫罗兰币才得以实行。紫罗兰币地区许可委员会（Comité local d'agrément sol，CLAS）负责管理这种货币。委员会由五个团体组成，包括全体会议的议员、经营者、使用者、金融机构和创办者，它们均参与决策。

金以及使用者和经营者缴纳的会费。

人们希望把紫罗兰币拓展到图卢兹的郊区，这是非常必要的，因为"粉红之城"的大部分食品供应来源于市郊。事实上，当交易伙伴（顾客或者供应商）位于紫罗兰币使用区——图卢兹市中心——之外时，他们就不接受这种支付方式，紫罗兰币也随之失去了作用。因此对于紫罗兰币等补充货币而言，将普及范围拓展到整个地区变得越来越重要。紫罗兰币会逐渐流通到图卢兹的周边地区，开始与其他补充货币产生协同效应，比如蒙托邦（Montauban）的奥林普币（Sol Olympe）和巴斯克地区的尤斯克币（Eusko）。[①]

午饭后，图卢兹开始放晴，阳光照耀着市政厅广场。我们在市中心开始了一场紫罗兰币项目参与者的半程马拉松（包括有机商店经营者、书商、紫罗兰币使用者和银行家），同时我们也结束了与布律诺的合租生活，他表现出了比利时人的热情好客。在一次彻夜长谈中，他再次强调了紫罗兰币和其他补充货币的目的。补充货币不仅是金钱交易工具，还是大众教育中货币和经济教育方面的教学工具。布律诺说："公众通过紫罗兰币思考经济的角色，发现他们已经理解了经济机制，并能加以利用。"通过"箭币"机制，区域货币拥有

---

① 2015年，紫罗兰币和尤斯克币的使用者已经能够用芯片卡进行支付。

204 了团结的性质，能够帮助经济活动回归本土，建立社会联系。区域货币在实体经济中进行流通，刺激符合道德规范的持久财富及服务的生产。就更广泛的层面而言，区域货币能够将经济活动集中到一个地方，防止企业外迁，从而拉动就业。[①]现在，紫罗兰币已经吸引了 1800 多名图卢兹人，152 家商铺和企业。7.5 万紫罗兰币正在流通之中。

进行中的抉择

布律诺还提到了他的同胞——经济学家贝尔纳德·列特尔（Bernard Lietaer），比利时国家银行前高管和货币专家。贝尔纳德·列特尔是补充货币的资深捍卫者，他认为就像自然界一样，一个体系要多样化才能持久。因此他建议在欧元体系中引入更多的补充货币，促进经济平衡。他还认为，区域货币能够帮助消化甚至避免经济冲击。2010 年，贝尔纳德·列特尔接受比利时《回声报》[②] 的采访时曾用了一个有趣的比喻：

---

① 瑞士的补充货币——威尔币（WIR）出现于1934年，目前瑞士有1/4 的企业（6 万家中小型企业会员）都在使用这种货币。威尔币与瑞士法郎等值。一些美国的研究显示，威尔币能够在金融危机期间调节经济：当瑞士遭遇经济衰退时，威尔币的总量和参与者的数量都增加了；当经济快速发展时，两类数量都下降了。贝尔纳德·列特尔分析道："威尔币用反周期的方式来发挥作用，调节经济。"

② 参见 http://lietaer.com/wp-content/uploads/2010/05/echo2010.pdf。

图 3.2　布律诺·德·梅纳正在一家杂货铺中用紫罗兰币结账（法国，图卢兹）

　　开着一辆没有刹车、方向盘不灵活的车子去阿尔卑斯山，你 100% 会"出事"。在事故之后，有人告诉你，你是个极其糟糕的司机，或者你的行车路线图没有更新。人们把车从沟里拖出来，换一个新的驾驶员和一份新的行车路线图，然后就让车上路了！现在就发生了这种事情。大家完全不承认存在结构性问题，因此我们就会再次"出事"。唯一需要知道的是在什么时候、哪个阶段会出事，但是真正的问题在于那辆车，也就是货币体系的结构。所有实施的政策都在尽力解决问题，但是方向出现了偏差，这不是形势上的问题，也不是管理上的问题，这其实是个结构性的问题。

他还提到，过去25年中世界银行经历了97次银行危机和167次货币危机，"我们每次都被危机所震惊，而且我们用应对第一次危机的办法来解决后来的危机"。

三年内，紫罗兰币的网络和用户群都扩大了，而且抵挡住了经济和政治的波动。尽管这种年轻货币的影响范围还很小，但是希望它能获得更大的发展。在我们报道之后，法国迅速出现了大量区域货币，25种区域货币得以发行（有20多个项目），其中包括里昂的高奈特币（Gonette）和斯特拉斯堡的斯塔克币（Stuck）。最成功的还是巴斯克的尤斯克币，拥有500家企业会员和2700名使用者。法国人菲利普·德吕代和安德烈-雅克·奥尔贝克也提出了"国家补充货币"的想法，提议发展新的对社会有用的活动，以便从国家层面完美地解决目前面临的人道主义问题和生态问题。①

---

① 菲利普·德吕代（Philippe Derudder）、安德烈-雅克·奥尔贝克（André-Jacques Holbecq）：《国家补充货币——应对人类与生态危机》（ *Une monnaie nationale complémentaire-Pour relever les défis humains et écologiques* ），伊夫·米歇尔出版社（Yves Michel），2011年。

阿诺·普瓦索尼耶（Arnaud Poissonnier）
宝宝贷（Babyloan）董事长
法国，马拉科夫

法国，宝宝贷公司

马克

把眼睛移开，从心里准备好

当我们提到真正走出贫困时，往往有一系列针对家庭的不同措施——医疗配套服务、子女教育、家庭管理、小额贷款等。

——阿诺·普瓦索尼耶

尚·苏菲（Chan Sophy）今年 47 岁，有 4 个孩子，住在柬埔寨金边东南部一个贫民窟的小木屋里。她在屋后运河的一艘小船上接待了我们。看到三个西方人，她微笑着，显得有些紧张，摆弄着长长的绿叶来掩饰情绪。这些叫作 water colombus 的植物，属于菠菜的一种，根长在水中，高棉人常常用它来做汤。尚·苏菲种植并售卖这种植物。几个月前，她从宝宝贷借了 500 美元来购买这种植物的种子和造船的木材，并支付菜地的租金，还款期限为一年。在获得这笔贷款之前，她想向银行借传统贷款，但是复杂的行政程序使她不敢尝试。之后她想求助于高利贷，但是高昂的利率让她望而却步。想要发展事业，她唯一的选择是小型贷款。

尽管在最近二十多年间，全球极端贫困现象大大减少，但是仍有 1/4 的人日均生活支出低于 1.25 美元。全球 80% 以上的人都无法获得金融服务，90% 的人没法获得贷款。[1]

在法国，有创业意愿的人（想要创建公司的法国人的数量）占总人口的 9%[2]，而在发展中国家的贫困地区，想要创业的人平均比例为 50%，因为他们只有通过这种方式才能走出贫穷。在创业比例高的国家，人们更难获得贷款。

小额贷款是要求每月还款的小型信贷（宝宝贷的小额贷款不超过 1500 欧元），有一定利率，发放给无法获得传统金融贷款的微型创业者。小额贷款的目标是帮助被银行拒之门

---

[1] 盖·文森特（Guy Vincent）：《可持续的微型创业：小额贷款、创业和可持续性对发展中国家减贫的作用》（*Sustainable Microentrepreneurship：The Roles of Microfinance, Entrepreneurship and Sustainability in Reducing Poverty in Developing Countries*），2004 年。

[2] 宝宝贷的 3 万名放贷者资助了 15 个国家的 1.95 万微型创业者，借款总量高达 870 万欧元。每 10 分钟就发放一项贷款（贷款平均额度为 57 欧元），还款比例近 100%。

外的小型创业者或者手工业者获得资金，用于发展事业。小额贷款主要投给南半球的发展中国家，但也会投给欧洲的创业者。在 2006 年诺贝尔和平奖获得者、孟加拉国教授穆罕默德·尤努斯（Muhamed Yunus）的促进下，现代小额贷款获得了快速发展。1976 年，尤努斯建立了第一家现代微型金融银行——格莱珉银行（Grameen Bank）。这家银行为 700 万女性提供了微型团结贷款，帮助她们投资到微型企业当中。

以企业的身份从事非政府组织的活动

46 岁的阿诺·普瓦索尼耶在对小额贷款产生兴趣之前，在一家投资管理银行工作，他形容自己"有一点北方人的性子"。当他听说了一家美国加利福尼亚公司——基瓦（KIVA），这是家小额信贷网的先驱，一下子就心动了！他想从这家美国创业公司中获得灵感，在法国创建一家小额信贷网站。[①] 他笑着说："每天早上，我不向湿婆祈祷，而向基瓦祈祷。"获得法兰西银行（la Banque de France）和法国金融市场管理局（l'Autorité des marchés financiers, AMF）的许可后，他建立了

---

① 阿诺认为，社会型创业者必须具有四个优点：一是要"有一点疯狂"，具有激情；二是在创造经营模式和管理方式、维护与员工的关系方面具有创造性；三是招募一些有志于发展这项事业的合作者；四是对盈利比传统公司低这一事实要有准备。

宝宝贷公司，并于 2008 年 9 月创建了公司网站。目前，宝宝贷是欧洲第一家小额贷款网络平台，也是继基瓦公司之后的全球第二家小额信贷网。

在公众利益方面，这些公司和非政府组织之间的界限逐渐淡化，因此尽管大量创业者持有的项目以社会和生态事业为目标①，但还是选择了私人公司这一法律身份。宝宝贷是一个社会项目，因此阿诺最初想把它作为一个非政府组织来创建。咨询了法兰西银行和法国金融市场管理局之后，他意识到有关鼓励公共储蓄和银行活动的法规条文更加适用于企业，而非社会组织。因此，他决定采用社会型公司的身份，建立一家公司。在宝宝贷公司中，盈利水平受到限制，员工薪水受到限制（最高薪水和最低薪水的差距为 5 倍），员工共享股权，并在董事会中占有一个席位，各机构和非政府组织股东负责管理公司。公司还取得了"有社会效用的团结公司"许可。

放贷者、宝宝贷、微金融机构和微型创业者

---

① 在法国，有关社会和团结经济的法律会给社会性公司颁发"有社会效用的团结公司"许可证。公司需要遵守一些标准才能获得这种许可证："传统"公司需要达到经济平衡，当然这些公司的首要目标是产生社会或环境效益，而不是为了股东追求经济利益；大部分的利润要服务于公司的社会目标，这就是有限盈利的原则；待遇上，一家公司的最高薪水和最低薪水的差距不能超过 10 倍；公司不能上市。

　　在解释宝宝贷平台的职能之前，我们要提到上面标题中出现的不同角色。首先，放贷者可以是你们、我们、公司等，即在宝宝贷网站上借钱给微型创业者的主体。在这条链的另一端，微型创业者收到贷款，用于发展事业、走出工作的不稳定状态。

　　在宝宝贷和微型创业者之间存在着微金融机构。微型创业者根据可靠性、规模和社会影响等准则选择、审查这些微金融机构。微金融机构在这一领域起到关键作用，负责寻找资金来借给微型创业者。此类机构还根据宝宝贷提出的两个准则来审核项目，75%的项目持有者需为女性，不能资助任何非法的、违背道德的项目。第二个准则可能会引发一些有趣的情况。一天，一家柬埔寨的微金融机构向宝宝贷递交了一个项目，该项目的微型创业者希望获得资金买猫，在她的肉铺中售卖。经过反复考虑之后，宝宝贷拒绝了这个项目，因为在放贷者眼中，这个项目或许是有争议的。

　　微金融机构会从微型创业者获得的贷款中抽取26%的利息，这个比例看上去很高，但是不要忘了，无法获得传统贷款的人如果不向小额信贷公司借款，就只能求助于高利贷（非法放贷者），而后者可是要收100%～1000%的利息。微金融机构也能为微型创业者提供社会配套服务，尤其是为他们提供健康和会计等方面的培训。阿诺告诉我们，在塔吉克，每一个进入微金融机构的微型创业者都会收到一个算盘来帮助算账，这可比一台装有财务管理软件的电脑有用多了。

那么具体怎么运行呢？放贷者要在宝宝贷的社会金融网络上选择一个国家、一个项目及其所对应的微型创业者（例如尚·苏菲）、活动领域、贷款数量和还款期限。当贷款完成，微型创业者就可以把这笔钱投入自己的事业中，每月还款，而且不必给放贷者利息。

每笔贷款的平均数额为 57 欧元，但是"宝宝贷人"（Babyloaniens）往往借出多笔贷款，因此在这个体系中，平均每人贷出 105 欧元。与非政府组织进行横向比较，宝宝贷的人均贷款额是前者的两倍，有报告从金钱和团结两个方面来解释了这种差距。总之，无论从捐款数还是贷款数而言，小额贷款公司和非政府组织都存在着差距。

例如，里昂的一名护工每个月都把自己工资的 10%～20% 作为贷款投到宝宝贷上。两年半的时间，她总共资助了 1400 个项目。她也能够在任何时候全款收回自己借出去的钱，因为这些都是无息贷款。再举个例子，一些希望支持创业的公司把一部分财务资金（1 万～5 万欧元）投给微型创业者。

小额贷款和宝宝贷的可喜前景

借贷个性化与金钱及社会互助的这种新型关系，解释了像宝宝贷这样的点对点网络平台迅速发展的原因。这些平台的规模在 15～18 个月的时间里扩大了一倍，然而相较于网络下的小额贷款，线上贷款的运营成本太"贵"了。社会金融网络在互联网上的发展需要配备完善的信息技术工具，成本很高。宝宝贷面向大众，因此公关和市场营销也很重要。最后，当地的资源必不可少，这样才能选择和审核微金融机构。

宝宝贷的经济模式依赖于不同的补充收入，从而形成自己的营业收入。第一，放贷者每借出 100 欧元就要向宝宝贷网站支付 2 欧元。如果我借出 100 欧元，事实上我要支付 102 欧元，因为宝宝贷会拿这额外的 2 欧元作为公司运营的费用。第二，微金融机构会向宝宝贷平台支付使用费，约为贷款金额的 2.5%。第三类收入就是对宝宝贷项目感兴趣的企业的赞助费。最后一类收入，宝宝贷和合作者创建了一个团结投资基金会——合作信贷（le Crédit Coopératif）。从合作信贷建立开始，宝宝贷公司的营业额和借给微型创业者的贷款总额就翻了一番。在接受我们的采访时，阿诺估计 2015 年公司能够实现收支平衡。对他来说，目前互联网的创新能够帮助人们以更低的成本、最优化的方式将可用资金投入发展援助当中，产生巨大的社会影响。他认为，现在大型国际机构管理着 1

亿欧元的发展援助资金，有些浪费资源了[1]，这些资金应该更好地用于消除贫困，尤其是通过互联网创新。

小额贷款的潜力是巨大的。地球上有 72 亿人口，其中 90% 的人无法获得贷款，而且现在只有两亿微型创业者。阿诺认为，小额贷款不是消除全球贫困的唯一方法，而是消除贫困的过程中使用的工具之一。他坚持认为有必要综合各种有利因素来解决贫困问题："当我们提到真正走出贫困时，往往有一系列针对家庭的不同措施——医疗配套服务、子女教育、家庭管理、小额贷款等。"

---

[1] 小额贷款有时偏离了最初的目标。印度经历了几次微型创业者的自杀浪潮，他们获得了小额贷款，但是负债累累，最后不得不自杀。小额贷款经常会"走偏"。有些不谨慎的微金融机构不考虑微型创业者的还款能力就把钱借出去，最后用一些强硬的手段把贷款追回来；有些微金融机构把钱借给创业者用于消费，但是小额贷款本应该服务于能够产生利润的小型专业经济活动，而不是消费；有些微金融机构扩大成为真正的银行，并成功上市，它们更加希望促进公司发展、获得更多利润，而不是完成社会目标。

小微企业及就业

216

阿尔比娜·鲁伊斯（Albina Ruiz）
健康城市集团（le Groupe Ciudad
Saludable）董事长
秘鲁，利马

秘鲁，健康城市

马克

通过收集垃圾从黑暗走向光明

为了改善居民的生活环境，我们推广废物处理系统，尽力在发展中国家中创建清洁城市。

——阿尔比娜·鲁伊斯

到达秘鲁仅三个小时，我们就置身于拉丁美洲第五大城市利马的垃圾世界中了。在开始报道之前，我们时间不多，没有机会休息，出租车把我们带到了米拉弗洛雷斯（Miraflores）旅游区，这里和我们之前预想的完全不同。一群群学生和商人盯着各自的智能手机，从人声鼎沸的麦当劳、星巴克和奢侈品店前匆匆走过。利马共有850万居民，占整个国家人口总数的1/4以上。我们这次的主题是垃圾，因此我们对米拉弗洛雷斯的道路清洁程度非常关注，我们发现这里道路的清洁程度不比巴黎差。

从被孤立的拾荒者到融入社会的微型创业者

健康城市集团的董事长阿尔比娜·鲁伊斯把我们带到利马南郊的一个贫民区。她在 18 岁的时候就离开了秘鲁丛林，来到利马上学。看到郊区的街道上一堆堆的垃圾，她感到气愤。事实上，那种景象与我们今天看到的旅游区完全相反。几百个离开农村到城市寻找工作的农民挤在吕兰（Lurin）的塔布拉达（Tablada）的贫民窟中，挨着露天垃圾场。就像利马大部分郊区一样，这里的市镇服务从来不负责固体废物的回收。[1] 土地和水源受到污染，传播了很多疾病。马蒂厄·迪朗（Mathieu Durand）在法国雷恩第二大学学习时在论文中提到："利马官方的废物处理系统根本不奏效，仅有部分垃圾通过类似的废物处理体系得到处理。也就是说，某些垃圾在非

---

[1] 就像很多南半球国家的首都一样，我们在利马也发现，在垃圾面前，居于市中心的富有人群和居于郊区的贫困人群之间存在着空间—生态不平等。最富有群体居住的社区拥有废物收集服务，而且产生更多的废物。而最贫困群体居住的郊区则不得不接收成堆的生活垃圾。因此社会不平等和环境不平等联系到了一起，相辅相成。总体而言，垃圾处理体系不完善，对最贫困人群的影响往往是最严重的。参见 http://mappemonde.mgm.fr/num31/mois/moi11302.html。

法的居民区，通过不正规的方式被回收利用。另一些垃圾沿着河流排出，或者留在城市边缘的海滩上。一部分废水被用于灌溉秘鲁的农田，或者被排放到城市的河道当中。"①利马仅收集了50%的垃圾，而且经过合理处理的垃圾量少于1/3。

数十万生活暗无天日的人们——拾荒者，以可回收废物的收集和转卖为生，由此弥补了利马废物处理系统的缺陷。每天晚上，他们偷偷走街串巷，把850万利马人当天产生的废物徒手收集起来。这些人经常受到执法人员的纠缠和当地居民的歧视。

阿尔比娜·鲁伊斯突然问我们："我们怎么能够接受，那些跟我们一样的人在垃圾箱里谋生存呢？我们怎么能够容忍，国家提供的公共服务如此低效呢？"在双重愤怒下，健康城市集团于2001年正式成立。阿尔比娜·鲁伊斯认为，拾荒者是废物综合处理中的基础角色，不能让他们失去工作，因为他们是城市废物收集和分类第一阶段的关键。

阿尔比娜·鲁伊斯说："我们的方法在于将不正规的拾荒者转变成公认的拥有应有权利的人。"②因此她鼓励拾荒者组建

---

① 参见 http://halshs.archives·ouvertes.fr/file/index/docid/920654/filename/M.DURAND_Image_de_these_Prix_mappemonde2011.pdf。

② 为了让拾荒者的工作更受重视，秘鲁法律规定，将垃圾分类并交给拾荒者的市民可以少缴垃圾税。

小微企业。这样收集了废物之后，可以直接卖给废物回收处理工厂，获得小额贷款，从而有尊严地工作。

迷米·卡斯特罗（Mimi Castro）是一家垃圾回收和分类微型企业的主管，她在公司接待了我们，并向我们介绍了公司的工作。每天早上，两名职工在城市的不同地区回收纸张、纸板、瓶子、木板、木料和金属，带回来进行分类。一部分废物被转卖给需要回收利用这些废物的工厂。"我们不敢接触这些工厂，但有一天，健康城市集团把我们召集在一张桌子旁，让我们能够和工厂协商、交易，"咪咪说，"那些没有被转卖给工厂的东西，会在这里做成手工艺品和首饰，主要卖给游客。如果你通过众筹支持这个项目，就能很快获得一个生态首饰作为纪念。这项社会性创新倡议能够帮助众多家庭建立、管理一个小公司，让他们走出收入的不稳定状态，而且还能有效减少利马街道上的垃圾。"

为了支持这些微型企业的创办，健康城市集团给拾荒者提供了企业管理和会计等方面的培训，帮助他们的公司盈利。健康城市集团董事长称："我们的首要任务是帮他们重获自尊，让他们明白，他们的角色在废弃物的整体管理中是极其重要的。第二步工作是给他们提供企业管理的培训。"迄今为止，健康城市集团参与了35家负责固体废弃物收集和分类的小微企业的创立，这些企业雇了600多名拾荒者。150家私营和国有企业从这些微型企业手中购买产品，而且200多个市镇政府也参与了进来。

合法化和前景

阿尔比娜强调："我们认为，这不单是一个社团或一家微型企业的实践，而是一个更广泛的体系的一部分。我们不想取代国家的角色，但是国家应该出台一些真正能够实施的有效政策。"由于持续地动员和游说，秘鲁成为世界首个立法承认拾荒者的经济和社会意义的国家。拾荒者的工作成为一项真正的职业，而且他们也获得了所有劳动者应有的权利。目前已经有 11500 名拾荒者如愿获得了应有的身份。巴西也随之出台了类似的法律，阿尔比娜现在正在智利、厄瓜多尔、玻利维亚和多米尼克开展类似的活动。

阿尔比娜受到马蒂厄的毕业论文启发，创造出了这种模式，获得了众多国际大奖。为将这种模式系统化并复制推广，健康城市集团制作了一系列方法指导手册。秘鲁废弃物创新组织（Peru Waste Innovation）作为咨询机构，为国家、私企和国际合作组织提供咨询服务，以促进这种模式的复制和推广。

拉丁美洲、亚洲和非洲的 9 个依赖当地社会型企业的国家，正在积极推广健康城市集团的方法。阿尔比娜希望这种模式能运用到所有发展中国家，这些国家的废弃物处理系统需要拾荒者。但是阿尔比娜离实现梦想还有很大距离："我的

图 3.3　迷米·卡斯特罗，秘鲁利马郊区一家微型企业主管

最终愿望是健康城市组织消失，这意味着城市废弃物处理问题已经完全得到解决。"

　　秘鲁、巴西和印度的拾荒者，我们在第三世界的大部分国家都见到过这些劳动者。他们的生活暗无天日，往往被公众和政府抛弃。无论政府愿不愿意，只要政府不能独自承担废弃物处理的责任，就无法回避地需要依靠拾荒者的工作。政府有必要帮助拾荒者融入社会，给予他们应有的权利，以便形成城市废物综合处理体系。

弗朗索瓦·马蒂（François Marty）
谢纳莱集团（Groupe Chênelet）总经理
法国，欧德吕克

法国，谢纳莱集团

西尔万

能够创造就业、改善居住环境的生态住宅

> 我们不仅有想象力，我们更试着朝正确的方向去想。
>
> ——弗朗索瓦·马蒂

在法国北部的圣奥梅尔（Saint-Omer）和加莱（Calais）之间、靠近英吉利海峡隧道的入口处，有一个名为欧德吕克（Audruicq）的小镇。该镇位于法国失业最严重的地区——加莱地区[①]的中心，该地主要产业是集约农业和采矿业。乍一看，这里没有什么非常吸引人的特点。然而，再仔细观察可以发

---

① 来源：法国国家统计局（加莱地区的失业率为17.7%，2013年第四季度数据）

现，这里到处都生长着小树林和灌木丛，尤其是一种特殊的名为谢纳莱（chênelet）的橡树。这是一种低矮的、并不漂亮的树木，但是它抗风暴的能力很强，其木材结疤较多，有利于散热。可见，弗朗索瓦·马蒂将他的集团命名为谢纳莱并不是偶然的，而是别有深意。谢纳莱集团在就业方面处于领先地位[①]，致力于利用生态的方式解决失业和住房危机的问题。

一位经历丰富的出色领导者

弗朗索瓦·马蒂是法国北部－加莱海峡大区（Nord-Pas-de-Calais）的名人，而他的办公室却在一层用预制件搭成的建筑里，装饰简单朴素，墙上挂着企业社会责任奖牌和一幅著名的"亡命的老舅们"做弥撒的电影海报。这也体现出这位天主教徒不一样的一面，他曾经也是一个"找工作的男孩"。身穿蓝色背带裤，手边放着烟斗，这名活跃的企业家向我们讲述了他不平凡的经历。在巴黎郊区艰难地完成学业之后，年轻的弗朗索瓦去了萨瓦省（Savoie）西多修道会的一间修道院，他回忆说："在那儿，我学习了生态学，那时候还叫作自然学，此外

[①] 谢纳莱集团由五部分构成，包括社会型企业（EI）：滨海木板和锯木厂（SPL）；社会工厂（ACI）：谢纳莱（Chênelet）；培训组织和支持新业务发展的机构：谢纳莱开发（Chênelet Développement）部门；谢纳莱公共地产基金（La foncière sociale Chênelet，用于模式输出）。

我还学会了劳动。"他学习了货车驾驶技术，还拿到了专业技能合格证书。之后，他又加入了一个基督教嬉皮士社团。因为他喜爱法国北方，不久选择到北部定居，并投入帮助穷人的事业中。他和妻子以及一名民间教士共同创建了一家协会，接收和照顾无家可归的年轻人，尤其是一些惯犯和难民。1986年，"为了让这群年轻人从事一份真正的工作、有生活收入"，他和朋友们创建了法国第一家以提供就业岗位为目标的公司，那是一家锯木厂。"我们当时完全是在未知中探索，不知道等待我们的是什么结果。我们的公司也经历了许多困难。"他说。后来，这家公司更名为滨海木板和锯木厂（SPL），并且逐渐发展成为法国生产特定大小和特定用途木板的领军厂商。有了这样一个行业巨头，他的团队又打算朝着周边行业发展，进而成立了法国第一家团结经济型企业集团。

弗朗索瓦·马蒂在团结经济领域的成就获得了认可，他先后担任居伊·阿斯科埃（Guy Hascoët）办公室的特别顾问和办公室主任。居伊·阿斯科埃是时任若斯潘政府的团结经济事务第一国务秘书。弗朗索瓦·马蒂，这位曾经的货车司机，和他的朋友帕特里克·蔚五海（Patrick Viveret）共同参与了团结储蓄和集体股份合作企业（SCIC）相关法律的制定。弗朗索瓦·马蒂同时加入了法国雇主协会（MEDEF）和绿党，这看似矛盾，但根本用不着惊讶，虽然他与企业家和上流社会走得很近，但同时他也坚持维护无产阶级文化。"你可能会丢掉你的灵魂"，这是他的朋友们在他决定去巴黎高等商学院（HEC）读高级管理人员工商管理硕士（EMBA）时对他说的话。然而，当他抨击起发了横财的暴发户时，你会发现他没有丢掉灵魂，他的追求从未改变，他坚定地认为要想走出困境必须发奋努力。

可持续发展的"古为今用"实验室

谢纳莱集团不是一个人的作品，而是一个拥有共同价值观的团队一起劳动的成果。我们惊奇地发现，在这个团队里有曾经的华尔街银行家、参与过英吉利海峡隧道建设的工程师，还有零售业巨头的管理者。西尔万·沙尔韦（Sylvain Charvet）就是他们当中的一员。十五年前，他被谢纳莱团结经济的模式吸引，当时他已经在零售业巨头欧尚（Auchan）工作了五年，然而他却选择加入了工资只相当于欧尚 1/3 的谢纳莱。"在这里，没有一位管理人员的工资超过最低工资标准的 2.5 倍，这样才能保证这个团队是服务于他人的。"西尔万强调说。当然，西尔万的经历也说明，在这个团队里是有晋升空间的。他开始是司机队伍的负责人，后来逐步晋升为谢纳莱集团的工业核心——滨海木板和锯木厂的管理者。

在一个电锯的远程操控台上，放着两个 Game Boy 游戏机的手柄。在这里，一切都为不懂技术的工人考虑，而且根据经理的说法，这种方法颇有成效："与其让他们用常规的方法花一年半去学习，我们只用 3 天就能让这些年轻人学会使用这个电锯。"这种对实用的追求在培训手册中也有所体现。SPL 与语言学家一起简化了操作手册，"这是为了让年轻人在不知不觉中进步"。这种人性化的考量还体现在公司的管理中。公司的注册形式是共同参与合作社（SCOP）[1]，但它的身份是社会型企业（EI）。公司有百余名员工签订的是补贴合同，也就是说他们的工资中有一部分来自国家补贴；另外的 50 名员工则是合作社的合伙人，他们合起来占了合作社大部分的股份，拥有决定权。与公众的成见不同，社会型企业并不是效率低下的代名词。为了提升竞争力，SPL 公司全速运转，并在物流方面提高效率。下午收到的木板订单，次日早上就由公司的 25 名司机分别运往全国各地。为了能在订单高峰期还保持这种效率，工人们两班倒，每班工作 8 小时。为了节约成本，公司的卡车不会空车返回，而是会装载一些当地的特殊货物。

---

① 在法律上，共同参与合作社的形式可以是股份责任公司（SA）、有限责任公司（SARL）或简易股份有限公司（SAS），其员工应拥有公司大部分股份，即至少 51% 的资本和 65% 的投票权。没有入股的员工有入股的权利，公司领导人由入股员工选出。收入的分配遵循公平原则，一部分给所有员工（以股本或分红的形式），一部分给入股员工（以股息的形式），还有一部分作为公司的储蓄。参见 http://www.les-scop.coop/sites/fr/les-scop/qu-est-ce-qu-une-scop.html。

SPL 的创新还具有生态属性。生产链上游的木材，尤其是杨树的使用，都是符合道德标准的。这就要求人们重新使用原始的技术，比如利用动物来牵引，而在一些林业开发商看来，这不仅难以实现而且没有利润。"找回全球化之前人类所拥有的劳动习惯，并把它和现代技术结合起来"，这就是弗朗索瓦·马蒂称作"古为今用"的理念。一个很好的例子就是 SPL 工程师最近设计的一个以木材为燃料的锅炉，每年消耗 3500 吨的木材就使工厂实现能源独立。这项研发的投入很大，但也是有必要的，因为这项技术还可以用来干燥木板、干燥未来的木质房屋的组件。

改善居住环境的生态住宅

十二年前，SPL 注意到员工面临的住房问题，随即涉足带有社会福利性质的公共生态建筑领域。"公共住房过于关注建设成本，而忽略了能源的稳定性，可以说这是一场灾难，"弗朗索瓦·马蒂指出，"生态住房不再是资产阶级的专属。"他推崇的是可以控制生活开支的经济住房："我们不是要打造最生态的住房，而是通过生态的手段，为居住在其中的低收入者尽可能地节约开支。"因此，他和团队设计了一种木结构住房，如果以一家人、三居室计算，每年只需不到 500 欧元的开支就可以享受到取暖、照明、用水等舒适的生活条件。

SPL 的建筑业务既包括用当地的原材料制作预制件，也包括在工地上组装施工。工厂把杨树木材制成预制件后，用稻草覆盖并打包好。所有的工序都要使用天然的原材料（未经处理的当地木材、纤维填料、稻草、黏土等），这也要求工人接受一定水平的技能培训。因此，发展生态住房建设可以同时解决困难人群的两大问题：工作和住房。

谢纳莱公共地产基金作为谢纳莱集团最新的下属企业，负责协调法国境内所有公共生态建筑的建设（公共住房、幼儿园、公寓等）。自 2009 年创立以来，它已经参与了 14 个项目，这些项目来自谢纳莱集团或者谢纳莱建筑公司遍布在法国各地的 17 家分支机构。谢纳莱公共地产基金通过评估项目与当地社会需求的适应性以及与地方议员协商的方式，推进和协调项目建设。

为了给这些项目提供资金支持，谢纳莱集团总经理弗朗索瓦·马蒂又提出了公共薪金储蓄："因为我参与了法律的制定，所以我知道它是怎么运作的。员工除了把工资投入养老和分红外，还可以将一小部分投入公司的公共储蓄。"① 很多大集团的员工都参与了这样的公共薪金储蓄，比如施耐德电气、

---

① 公共薪金储蓄是指将分红和股本等薪金储蓄投入公共事业中。因此，该储蓄可以带来经济和社会双重效益。从 2010 年开始，企业必须设立至少一项社会企业互助基金（FCPES）。职工可以决定该储蓄的用途，比如创造就业岗位、建设公共住房等。

图 3.4　正在建设中的福利生态住宅（由谢纳莱集团出资建设，位于法国北部欧德吕克市）

法国苏伊士集团、法国农业信贷银行、法国信用合作银行。

促进社会融入的社会工厂

　　由于一部分人在社交方面存在很大的障碍，无法加入就业援助企业，因此谢纳莱集团设立了社会工厂（ACI）。它可以看作是让这些人融入社会的准备工作，可以先让这些人获得最基本的工作能力（按时上班、遵守纪律、培养团队意识、服从管理等）。这一环节进行得顺利的人，可以到锯木厂去工作。这样可以消除他们的就业障碍,让他们重获自信和自尊。从园艺到厨艺、从生态建设到伐木,社会工厂提供了 40 余种体力劳动岗位。谢纳莱集团还为被社会排斥的群体甚至是轻罪犯人提供工作。总经理略带挑衅地说:"世界上没有轻罪犯,只有不会思考的企业家。最糟糕的是有些人不是罪犯却被动地习惯于消极的状态,因为人们只会让他们去接受救济,让他们不挨饿还能娱乐,这就是积极互助收入津贴(RSA)和Canal+ 电视台所做的。"为了让他们融入社会,公司为他们提供个性化的职业规划,让他们在技能培训以及与其他人的交流中"书写新的人生篇章"。

加布里埃拉·恩里克（Gabriela Enrique）
普罗斯普拉（Prospera）创始人
墨西哥，瓜达拉哈拉（Guadalajara）

墨西哥，社会型企业普罗斯普拉

西尔万

墨西哥小微企业的"燃料"

我在普罗斯普拉的四年里学会了一个道理，那就是如果想要改变一个群体或整个国家，只需要解放它的妇女。剩下的就交给她们吧。

——加布里埃拉·恩里克

"墨西哥的不幸，在于离上帝太远，离美国太近。"墨西哥前总统波菲里奥·迪亚斯（José de la Cruz Porfirio Díaz Mori）说的这句话在现在看来也十分准确。墨西哥经济对美国的依赖程度达到了极点，这种依赖使得墨西哥的社会经济发展全面溃败。当然，美国每10个外籍劳动者中就有1个是墨西哥人，同时美国占墨西哥出口总额的85%，但这背后也隐藏着不容小觑的威胁。2008年的次贷危机给美国经济造成了巨大冲击，这也导致了美国的贸易、投资和旅游业的收缩，

232　在美生活的墨西哥人的回流资金大幅减少。因此，仅在 2009 年，墨西哥全年国内生产总值就下降了 6.5%，就业岗位大幅缩减，而且在随后的 3 年里，新增了 800 万贫困人口。

　　墨西哥是全球贫富差距最大的国家之一，其代表就是卡罗斯·斯利姆（Carlos Slim）。作为世界首富，他的财富相当于 44 万个同胞的收入。[①] 就像他领导的墨西哥电信一样，他的财团 30 年来垄断了社会经济的各个领域。自 2012 年恩里克·培尼亚·涅托（Enrique Peña Nieto）担任墨西哥总统以来，为了打破垄断，开始推行行业改革，尤其在石油、电信和广电行业。政府消除垄断是要保护消费者利益，而外国的投资者则想借机打入垄断市场。在失业者人数不断上升的形势下，以低端产业为特点的墨西哥经济应该如何应对？让我们看看加布里埃拉·恩里克的例子，三十出头的她已颇有成就。她还想再培养出像她这样的带头人：年轻、有创新精神、有责任心和社会感。她创立的普罗斯普拉就是墨西哥小微企业的"燃料"。

宁要格洛里亚，也不要史蒂夫·乔布斯

　　尽管加布里埃拉在美国加利福利亚州的一所著名大学完

---

　　① 布兰科·米拉诺维奇（Branko Milanovic）：《富人与穷人：全球不平等的历史》（*The Haves and the Have-Nots:A Brief and Idiosyncratic History of Global Inequality*），基础图书出版社（Basic Books），2012 年。

成了管理学的学习，但她并没有和她的同学一样把史蒂夫·乔布斯及他的企业家朋友视为偶像。虽然她常常在演说中提起乔布斯，比如她在萨波潘市的一次 TED 演讲中说过："乔布斯身后是一家巨大的跨国企业，它的市值抵得上墨西哥全国国内生产总值的一半。"她指出，乔布斯的商业帝国远不仅仅取决于他的个人才华，更重要的原因是"他尽其所能地把生产转移到劳动力成本最低的国家"。她认为像墨西哥这样的国家就是"社会不公平现象的典型"。她愤愤地说："我们制定了许多刺激经济增长的政策，就是想打造出另一个乔布斯，或者至少能吸引投资。"确实，金融危机爆发后，墨西哥的外资在两年内下降了 50%，尤其是投资者最热衷的边境城市。"不到一年，蒂华纳的外资下降了 73%，也就是 2.18 亿美元。2008 年，蒂华纳的就业岗位在 3 个月内减少了 46667 个。这造成了怎样的社会影响呢？盗窃案件增加至 300%，抢劫银行案件激增至 600%，绑架案增长至 200%。"对于原先的那种赌上国家发展前途的开放模式，加布里埃拉再也不愿看到了。她认为，能够挽救墨西哥的力量不是来自国外，而是来自墨西哥人民。她指着一张单身母亲带着三个孩子的照片继续说道："总之，墨西哥人民忘了自己是谁。我们都应该是她，格洛里亚（Gloria），她代表着 80% 缺乏稳固生活保障的墨西哥人。80% 的墨西哥人在小微企业工作，而这些企业可能在一夜之间垮掉。"2008 年，加布里埃拉·恩里克为格洛里亚们的遭遇打抱不平，她决定为墨西哥所有女性小微企业主设计一个社会性计划，就叫作普罗斯普拉。

用墨西哥资源培育的创业公司

当我们走进米格尔·伊达尔戈·科斯蒂利亚街（Miguel Hidalgo y Costilla）写字楼的时候，有一种似曾相识的感觉，仿佛走进了一家硅谷的创业公司。员工的平均年龄很低，墙上贴满了记事贴和员工的照片，图书馆里摆满了美国加州作家出版的书籍，桌子上还摆放着玩具，气氛既活泼又严肃，硅谷有的这里都有。然而，我们确实是在墨西哥第二大城市瓜达拉哈拉市的郊区，而且女性创业者们生产制造的样品也在提醒我们这一点。在一个称为 tendita（小商店）的陈列架上摆放着一些典型的墨西哥风情的小袋子：烤干酪辣味玉米片、玉米饼、手工香皂、各种茶叶和糖。所以我们的的确确是在一家墨西哥的创业公司，一家社会型创业公司。

加布里埃拉·恩里克似乎是想要与她过去在墨西哥传统组织的经历决裂，那里通常都是专家政治和金字塔式的多层级管理。而在这里，没有复杂的汇报，没有上下级关系，也不需要尊称。员工们可以直呼其名，也可以自愿交换办公室。一位年轻职员激动地说："在这里，人们更加注重创新和思考，而且大家相互信任。"那么，普罗斯普拉是如何让这些没有受过教育、没有经济来源的家庭主妇们获得商业成功的呢？

培训、简化和连接

因为加布里埃拉·恩里克曾在创业企业聚集的加利福尼亚州接受教育，她创新的工作方式受到了精益创业（Lean Startup）[①] 的启发。她的方式以需求为中心，大量收集女性小微企业主遇到的问题，然后根据她们的需求制订相应的方案。经过一段时间的观察，她总结出了这些女性遇到最多的 3 个问题：

1. 在销售、营销、物流方面缺少培训，不会优化生产和扩大业务；

2. 妇女们的工作分散在各个领域，而且可以用于事业发展的时间较少；

3. 缺乏销售和合作网络，缺少信贷支持。

为了解决这些问题，加布里埃拉和她的团队设计了简单有效的三部曲：培训、简化和连接。

首先要"为她们提供成为成功企业主的最优工具"，即为所有的格洛里亚提供培训。普罗斯普拉在成立之初接待过一名

[①] 与营销学通过研究市场来证实某一观点的方式不同，精益创业在于根据客户需要，提供最符合其诉求的方案。这种方式非常适合创新型互联网企业。

236

妇女，她经营失败了，情绪十分低落。"露皮塔（Lupita）是一位带着三个孩子的单亲母亲，靠制作调味料并在市场上销售维持生计。但是她的调味料包装不好，而且缺乏特色，产品没有销路。"加布里埃拉·恩里克说。当她与加布里埃拉会面后，露皮塔开始接受普罗斯普拉的培训并学会思考一些问题：我需要多少钱来养活我的家庭？什么样的产品才能打开市场、达到我的目标？在何时何地才能卖得最好？最后，露皮塔完全改变了策略，开始用当地的原材料生产蜡烛和天然护肤品。

简化妇女的任务是提高生产率的必由之路，这也是普罗斯普拉的第二个任务。在以前，露皮塔一个人要做所有的事：制作调味料、包装、市场推广和上门销售（因为她不知道别的销售模式）。坚强勇敢的露皮塔踌躇满志。那时，她的产品批发给 70 个政府组织，在全国有 69 个零售网点，原材料来自 54 家供应商。尽管如此，她的事业还是在不到 1 年的时间里失败了。露皮塔认为自己付出了巨大的心血，失败是社会不公平造成的。几年之后，她运用在普罗斯普拉学习到的方法，直接向一家供应商批发原材料，节省了很大一笔开支。经过计算，她现在的成本"比以前下降了 3/4"。

最后非常重要的一点，普罗斯普拉把妇女和潜在客户连接起来："我们有许多朋友和家庭，我们也认识一些真正想看到露皮塔成功的企业家。"为了帮助她们打开产品销路，加布里埃拉利用了自己在当地和国外的关系网。她说服了 IBM、戴尔和惠普在墨西哥的各个分公司采购她们的产品。这样，这些大集团不仅购买了女性小微企业主的产品，还提高了她们品牌的声望。

双赢

现在，3000 名墨西哥妇女制造的 300 种手工产品已经获得成功，尤其是在食品行业。到目前为止，普罗斯普拉帮助女性小微企业主平均提高了 3 倍的销量，它的项目也获得了一些大的资本方支持，比如世界银行。普罗斯普拉的盈利方式是从女性创业者的营收利润中提取约 10% 佣金。仅在 2013 年，该项目就盈利了 50 万美元。

但是，对加布里埃拉·恩里克来说，战斗才刚刚开始："墨西哥有 3.2 亿小微企业主。要想进一步提升妇女们的劳动产品，还需要努力提高商品质量。因此，我们也需要外界的帮助。我在普罗斯普拉的四年里学会了一个道理，那就是如果想要改变一个群体或整个国家，只需要解放它的妇女。剩下的就交给她们吧。"[1]

---

[1] 关于创业企业，参见 Steve Blank et Bob Dorf, *The Startup Owner's Manual – The Step-by-Step Guide for Building a Great Company*, Diateino, 2012；Steve Blank, *The Four Steps to the Epiphany – Successful Strategies for Products that Win*, K & S Ranch, 2013。

罗柴（Lo Chay）
1001 明日之泉（1001 fontaines）
联合创始人

柬埔寨，非政府组织 1001 明日之泉
西尔万

重振经济不需要翻天覆地的变革，只需要一些饮用水

90% 的疾病都来自饮用水。

——路易·巴斯德（Louis Pasteur）

目前仍有 9 亿农村居民喝不到可饮用水，每天有 1 万多人因缺水而死亡。在柬埔寨，80% 的人口居住在自来水设施极度匮乏的农村地区。因此，腹泻是导致柬埔寨 5 岁以下儿童死亡的第二大原因。非政府组织 1001 明日之泉注意到了这些问题，于是以简化饮用水生产流程、改善这类人群的身体健康为使命。其饮用水的生产遵循生态原则，并以解放农村居民的商业模式为基础。

不同寻常的经历

1001 明日之泉的创立者是一位有着不同寻常人生经历的

柬埔寨年轻人——罗柴。他出生于柬埔寨西北部的一个小村庄，或许本该像父母一样种地养蚕。置身于国内战乱的艰难形势下，他仍坚持学习。和其他的柬埔寨贫困家庭一样，父亲跟他说："如果你想上学，那你就去寺庙里吧。"因此，他来到了柬埔寨西北城市诗梳风（Sisophon）的一座寺庙，一位尼姑接待了他。他以优异成绩完成了高中学业，一个法国助学协会（湄公河儿女，Enfants du Mékong）发现了他，并推荐他去金边大学深造。然而不久之后，他被诊断出肺部肿瘤，当时柬埔寨没有条件进行手术。但很快，在湄公河儿女的推动下，一家互助机构资助他到法国治疗。不仅手术获得了成功，他还利用三个月的康复期学习了法语。随后他回到柬埔寨，通过了柬埔寨最好的大学——柬埔寨理工大学的考试，并且拿到了去巴黎国立林业、水利和环境工程师学院攻读硕士学位的奖学金。在柬埔寨，这样的经历是值得称赞且相当难得的。当他2005年拿到工程师文凭的时候，他成了助学领域成功人物的代表。

离开法国前，罗柴去见了一位与湄公河儿女关系密切的工程师，这位工程师为客户设计了一种由太阳能驱动的小型净水站。罗柴突然有了在柬埔寨实验这种方案的想法，因为他童年时经常因为饮用不卫生的水而生病。他既没有关系、又没有资金，但他有一些好友，其中包括他的守护天使——湄公河儿女的维吉妮·勒格朗（Virginie Legrand）。她向罗柴介绍了弗朗索瓦·雅克奴（François Jaquenoud），他五十来岁，曾经是一家大型咨询公司的战略部主任，很有威望。在听到罗柴描述了柬埔寨人"喝沼泽里的死水""经常生病"以及"婴儿死亡率非常高"之后，弗朗索瓦·雅克奴义愤填膺，他决定支持罗柴的计划。他们开始一起寻找投资者，虽然投资者对这个计划很感兴趣，但是对盈利的可能性持怀疑态度。直到有一天，一位投资者说："行吧！这条路不会行得通的，但我还是决定给你们支持。"柬埔寨的饮用水计划就这样开始了。2004年，几个法国制造的太阳能驱动小型净水站安装在柬埔寨的3个村庄中，之后还需要3年完善设备及建设符合当地情况的供水系统。现在，100多个净水站已投入运营，每月为柬埔寨农村人口供应250万升饮用水。

积小流以成江海

那么，这些净水站由谁管理？如何运转？净水站交付给一些微型企业主之后，他们生产饮用水并可以挣得维持生计和维护设备的收入。我们来到了一个由梭通（Sothon）管理的净水站，他是村里的小微企业主，并发展了自己的供水业务。设备安装需要花费22000美元（约20000欧元），这笔钱全部由赞助者捐献。对此，罗柴解释道："在柬埔寨，我们总是需要一些赞助者，因为如果让小微企业主自己为净水设备买单，他们就会提高饮用水价格。这不是当地群众所希望的。"梭通抽水的水源在附近的一个池塘，绿颜色的水让人不想靠近。净水站的屋顶上装有太阳能电池板，由太阳能驱动的紫外线系统可以将水过滤。然后，梭通把卫生的水封装进消过毒的水缸。他打了一杯水让我们品尝，很难想象杯中澄澈的液体竟然来源于一个水质极差的池塘。将水缸包装好后，梭通用三轮摩托车把水运送到附近的村子里。我们走访了当地学校里的学生，他们也是这一计划的受益者。教室里放着两个水缸，学生们都迫不及待地去打水。这一计划对学生们的健康起到了重要的积极作用。巴斯德曾经说："90%的疾病都来自饮用水。"1001明日之泉让学生们免受伤寒、腹泻等许多细菌性疾病的困扰。因此，学生们更少旷课，上课更加专心，也更聪明。

尽管1001明日之泉的模式还不能做到完全独立运转，但是它已经被推广到了印度和马达加斯加。今天已有18万人口受惠于此。需要说明的是，一旦基础设施和设备得到赞助，该模式的持久性是不容置疑的。尽管水价十分低廉，运营和维护的开支也可以通过饮用水的销售收入抵消。每升水的价格为1美分，最贫困的人群也能负担得起。最重要的是这种模式能够持续运转、创造就业岗位，同时还能保障柬埔寨人的身体健康。罗柴解释说，他们为小微企业主提供为期1年的初期培训，之后也会长期提供指导。至于对饮用水质量的管控，有一些简单的方法可供小微企业主自行检测。作为补充，1001明日之泉总部还设有两个实验室，每个月对每个净

242　水站进行检测（微生物、化学、传染病检测）。

　　罗柴向我们透露了他的下一个目标："到 2025 年，该模式要覆盖 100% 的柬埔寨农村人口。现在的需求量还很大，当下只有 40% 的柬埔寨人可以喝到干净的水，这其中当然包括受益于 1001 明日之泉的人。"随着经济模式越来越完善，新项目推进的速度也越来越快（每月在柬埔寨农村地区新建两个净水站），这让人们看到了前景的光明。我们仍然希望柬埔寨政府能够更加重视饮用水问题，对 1001 明日之泉这个承担了社会服务的项目给予更多支持。

帕特里克·旺达姆（Patrick Vandamme）
特里斯莱克（Triselec）公共关系主管
法国，里尔

法国，混合经济公司特里斯莱克

马克

垃圾分类交给特里斯莱克

开始它是空想，但我们最终把乌托邦变成了现实。

——帕特里克·旺达姆

你知道吗？法国的第一个垃圾桶就是分类垃圾桶。早在1883 年，欧仁－勒内·普贝尔（Eugène-René Poubelle）就尝试在巴黎推广分类垃圾桶。一个多世纪后，特里斯莱克公司继续着这位伟大发明者的工作，致力于垃圾分类后的下一个环节：再利用。从处理能力来看，这家混合经济公司（公私资本共同注资的有限责任公司）是法国最大的垃圾分拣中心。20 多年来，它对里尔市的生活垃圾进行收集、分拣和再利用，更重要的是它能敏锐地觉察到所面临的挑战。

摒弃成见

"法国人永远都不会去给垃圾分类，做这一行是没有'钱途'的。"特里斯莱克公司却在 1991 年建立了法国第一个垃圾分拣中心。在此之前，很多城市处理垃圾的办法就是焚烧或填埋。"我们推动了 1992 年的立法，它使地方获得了财政支持，从而可以去进行垃圾分类、收集的工作。"帕特里克·旺达姆说。时任环境部长布利斯·拉隆德（Brice Lalonde）视察特里斯莱克公司，正是公司的游说才使得 1992 年的法律得以颁布，它规定地方应配备处理生活垃圾的基础设施。也是由于这部法律，法语中第一次出现了"垃圾再利用"这个说法，它的意思是"通过对垃圾进行循环、二次使用等工作，获得可利用的资源或能源"。从此，垃圾处理迈入了全新的时代，特里斯莱克公司成为该行业的领军企业之一。"与竞争对手不同，我们不说筛余率，而是利用率，这样显然更具活力。"帕特里克·旺达姆说。

无挑选的招聘

特里斯莱克创造了独一无二的招聘模式，就是在招聘分拣员时不会拒绝任何人。所以，任何求职者都可以列入名单，一旦某个职位空缺，他就被聘用了。公司做的不仅仅是垃圾分拣，还要担当起社会和职业融入、缓解失业和社会排斥等方面的责任。公司招聘员工后，通过培训，使他们获得一定的技能，然后尝试把他们安排到其他的企业工作。2012 年，已经有 3700 人在垃圾分拣线上工作过。

即便是对极其缺乏劳动技能的人来说，手工分拣的工作也不难完成。"通过让他们加入公司、成为职工，特里斯莱克给了他们学习或重新学习如何去劳动的机会。之后，我们可以给他们在寻找稳定工作或学习专业技能方面一些个性化的指导。"帕特里克·旺达姆强调说。公司还雇佣北部城市劳斯（Loos）监狱刑满释放的犯人。他们在监狱时就接受了培训，出狱后就被公司聘用。这样的做法取得了很好的效果："我们这里这群人的重新犯罪率只有 10%，而其他地区的平均水平为 50%。"[①] 旺达姆说。那么，别的员工如何看待公司聘用获释犯人这件事呢？"一些女职工代表跟我们说，她们可能会在走廊上被猥亵。我回答她们说，自从 1994 年以来就从没有发生过这种事，那时候就有一些获释的犯人，只不过大家不知道。我不会给人贴标签。要知道，他们以前确实做了一些傻事，但他们已经向社会赎罪，他们有权利重新做一个像你们一样的好人。"另一个促进员工融入社会的措施是，公司为员工承

---

① 据犯罪研究专家安妮·肯西（Annie Kensey）和皮埃尔·图尼尔（Pierre Tournier）的研究，52% 的被释放犯人（所有种类的犯罪）在获释后五年内再次犯罪。

246 担 900 欧元的机动车驾驶证费用，而且在岗位上就能学习道路交通法规的课程和接受培训。

用创新的教学方式消除文盲

"我们让他们从以前的状态转变成我们想要的状态。"特里斯莱克公司 20% 的员工都是文盲。公司为他们学习阅读和写字做了很多努力，因为这是他们重新融入社会的第一步。1997 年，公司从电视会议系统获得灵感，当时只有那些大公司安装这种系统。特里斯莱克决定把电视会议系统运用到文盲员工的教学中去，在那时，很多教育专家都对此持保留态度。"你们可以想象一下第一天那些年轻人的反应，他们是来分拣垃圾的，而我们却把他们放到电脑屏幕前。我们想提升员工的水平，让他们的精神受到触动。"帕特里克·旺达姆强调说。这也是欧洲范围内第一次对文盲进行远程教育的尝试。结果是显而易见的，员工的水平和积极性都提高了，生产率也获得了提升。公司同时还开创了高强度培训法，紧挨着生产线就有一个多媒体中心，员工们在里面接受培训。这种方法可以使培训大众化和常态化，避免生产线上出现混乱，还可以及时解决操作员出现的所有问题。

那么，这家"不务正业"的公司的生产率如何呢？即使结构简单的特里斯莱克公司不需要太多的投资，它的表现并不比同行业的巨头差，比如威立雅（Veolia）、法国苏伊士环

境有限公司（SITA）。特里斯莱克公司的回收利用率（利用的
垃圾和垃圾总量的比）是全欧洲最高的。帕特里克·旺达姆说，
公司垃圾总量的 92% 被再次出售给资源利用公司，总体来看
要高于欧洲同行的水平。

公平贸易

热罗姆·沙茨曼（Jérôme Schatzman）
图多本（Tudo Bom）服装公司创始人
法国，巴黎

法国和巴西，图多本服装公司
马克

趋于公平的贸易

我们终将要把经济、社会和环境联系起来，因为法律将
会这样要求我们。问题是要等到什么时候？

——热罗姆·沙茨曼

"巴黎＋里约热内卢"，这是图多本公司标志下面的口号，
也是我们这篇文章的主线，它也代表着热罗姆·沙茨曼的经
历。他是图多本（"Tudo Bom"在巴西葡萄牙语中是"你好
吗？"的意思）公司的创立者。在创业前，他在法国领导过一
个社会组织，在里约一个非政府组织担任过出口负责人。在
一次与里约贫民区的女裁缝们的交谈中，他有了自己创业的
想法。尽管生活条件非常艰苦，但妇女们在交谈中透露出的

250 活力与乐观，给他留下了十分深刻的印象。他决定去诺德什蒂（Nordeste）走访棉花生产者，正是在这个半干旱地区，他有了更细致的想法。"是否能够让人们换一种方式来生产服装，同时不要采用说教的方式，而是给大家带来快乐？"热罗姆和这些女裁缝一道设计了一些染色的 T 恤，并试制了几件样品，得到了朋友们的一致认可。图多本的品牌就这样诞生了。

我们很快就被热罗姆·沙茨曼对公平贸易的实用观点所吸引。他不是一个幻想家，他首先是一个企业家。"公平贸易是规范说明书中增加的一个元素。"他说。图多本在一份规范说明书中规定了产品价格、生产期限和质量标准，此外，还增加了产品生产所要求的社会和环境条件，确定价格和制订生产计划时需要同时考虑到这些。商品是用来出售的，他认为有的公平贸易企业家太过理想主义，销售的产品不符合市场需求，这样是不对的。"我是一个改良者，不是一个革命者，我试着让我的产品能够两者兼顾。"热罗姆·沙茨曼坦言。

怎样制造一件公平贸易的 T 恤呢？你可以拿一些棉花进行纺、织、编，再加一点染料，然后设计一个造型，最后进行丝印。

前期：生态农业

让我们从棉花开始。传统棉花种植方法对环境的污染非常严重[1]，因为它使用了大量化学产品。为了避免扩大污染，图多本公司建立了经过生态认证的棉花生产公司。如今，公司致力于对巴西诺德什蒂地区 150 个棉花生产者进行"100% 生态"改造。该地区的一个特点就是贫富分化现象非常明显，此外，这里土地贫瘠、雨水较少。该地区聚集了全巴西 80% 的贫困人口。

为图多本公司生产棉花的生产者都有 1~3 公顷的土地，他们使用被称为"康采恩"（consórcio）的农业生产方式，即同时种植粮食作物（自己食用）和经济作物。这种方式不仅可以由经济作物（棉花）带来额外的收入，而且还可以改善土壤质量。这是因为，在同一块土地上同时种植两种作物可以提高土壤的生态平衡。"如果在一排棉花旁种植一排四季豆，四季豆就能够吸引瓢虫，瓢虫会吃一些对棉花有害的昆虫，这样就不用喷洒刺激性的化学物品了。"热罗姆·沙茨曼以此来解释他实施的生态农业生产方式。

一部分为图多本公司生产棉花的生产者已经获得了"100% 生态"认证，其他的还在逐步转变。公司全力支持生

---

[1] 传统棉花种植的危害在于，全世界范围内，24% 的杀虫剂用在了 2.4% 的耕种面积上；每年有 2500 万人因为这些化学产品而生病；根据地区不同，每生产 1 公斤棉花需消耗 4000 至 17000 升水。参见 http://www.economie.gouv.fr/files/directions_services/daj/marches_publics/oeap/gem/vetements/1.4.1.pdf。

态农业的发展并鼓励棉花生产者向生态农业转变，对他们而言，这是实现生产独立的关键因素。"100%生态"认证的过程至少需要3年。这是净化土壤、消除传统农业遗留化学物质的必要时间。在此期间，棉花生产者被视为"生态转变中"。公司对小生产者在向生态农业转变中遇到的问题也非常关切。因为要获得认证，生产者需要进行审计，而一天的审计服务就要花费小生产者一个月的收入。因此，图多本公司没有把这项认证作为生产者加入其供应链的先决条件，如果这样做，就会排斥那些承担不了认证费用的小生产者。

需要注意的是，热罗姆·沙茨曼不是慈善家，图多本不是一个非政府组织而是一家私营公司。因此，生态产品带来的收入是至关重要的。通常来说，很多农业生产者为了提高产量[①]，都会提高劳动强度，使用一些抗虫害产品，更多地浇水，从而实现盈利。然而，为图多本公司生产棉花的生产者却有着不一样的做法。"与我们合作的生产者不会去比较哪个人的每公顷产量最高，因为重要的是结果。"热罗姆解释说。运用生态农业的方式生产，农业生产者不会再花钱购买化学

---

① 生态与传统棉花种植方式的产量对比（巴西南部地区喜拉多［Cerrado］）：生态种植，400公斤1公顷；传统种植，4000公斤1公顷。参见 http://tempsreel.nouvelobs.com/economie/20120730.OBS8423/tudo-bom-la-petite-boite-qui-file-un-bon-coton.html。

产品，所以最后的收入增加了，而产量不一定会增加。

热罗姆·沙茨曼说起了在和生产者解释这些问题时遇到的困难，他们被产量和金钱蒙蔽了双眼。供销合作社那种片面的收入计算方法，使得生产者过于迷恋产量。热罗姆讲了一件事来解释这种现象："巴拉那（Paraná）是巴西最追求产量的地区，那里以转基因大豆闻名。我们与那里一些支持生态方式的棉花生产者合作。这个顽强的生态农业团体尝试去给当地的供销合作社说明生态农业的好处（更少的虫害、更加独立、更少负债），但是供销合作社并没有给他们好脸色。这也正常，供销社的任务就是要卖化肥，它让农业生产者注重产量提高带来的收益。供销社也可能会支持生态农业，但是会使用生态肥料的方式去维持农业生产者对它的依赖。除此之外，转基因种子的销售者也给这个生态农业团体施加压力，孤立他们。最后，这个生态农业团体无法承受社会压力，不得不放弃了生态农业的计划，回归到传统的棉花种植方式。"

收购棉花时，图多本公司会与种植者们共同协商一个基准价格。根据棉花的品质，最终收购价在基准价格上下浮动10%～20%。棉花本身的品质取决于其含杂量和含水量。采收环节要精收细收，这对最终的质量起到至关重要的作用。图多本公司与生产者确定的价格通常比市场价要高。但是当传统棉花市场的价格升高的时候，图多本公司并不会提高收购价，这也会导致一些问题，有的生产者会因此想把他们的生态棉花按传统棉花的价钱卖掉。"我们不关心市场上棉花的价格，我们想脱离投机的模式。我们和生产者根据生产成本共同决定和调整价格。"图多本公司巴西部门的经理罗曼·米歇尔（Romain Michel）向我们解释说。因此，图多本公司的重点是维护与棉花生产者的关系，保障棉花供应。大部分时候，他们的收入都将比传统市场要好，但少数年份可能会持平。这样，图多本公司和生产者就能心往一处想，从长远的角度来考量两者之间的关系。最后，为了使生产者有一定的流动资金，公司每年会预付收成的50%。

后期：女性小微企业主

像其他的手工业一样，体现商品附加值的过程就是由原材料向服装的转变。罗曼·米歇尔带我们来到了里约以北65公里的彼得罗波利斯（Petropolis）小城。在这个以纺织业著称的城市，有很多工厂却因缺乏竞争力而倒闭。工人们在家中建起了临时作坊。我们在一个小贫民窟里穿行了很久，终于在一间小房子里找到了塔蒂（Tati），梯子上方的阁楼里住着她的丈夫和儿子。我们看到了她整洁的作坊。她跟我们讲述了她的经历。在成为图多本公司的裁缝之前，她是周边一些纺织厂的分包商，工作很不稳定。价格是纺织厂单方面确定的，而且协议每次只签一周，一旦需求量下降，她就失去了经济来源，而她还有孩子需要养育。

　　考虑到塔蒂的这种情况，图多本公司召集了一些服装行业的小微企业，它们最多只有四五个员工和三四个客户。公司与这些裁缝们的贸易额不会超过她们总营业额的 30%~40%，这是为了避免她们产生依赖。公司会与她们签订一年期的协议，订单的时间安排也会事先确定好。塔蒂告诉我们，这样她和六个孩子的"稳定和安全"就有了保障。人们通常会把公平贸易与向生产者支付高于市场价的报酬联系起来，但是对热罗姆来说，最重要的是在交易中重新创造公平。"难道平等的双方在刚刚踏进谈判室的时候就确定好价格了吗？"他反问道。在实践中，公平表现为与棉花生产者和裁缝们的信息共享、为他们提供培训和进行日常交流。公平的价格是根据劳动的难易程度，与裁缝们直接协商得出的。

　　正是因为图多本公司，塔蒂才真正拥有了她梦寐以求的企业。她现在雇佣了 5 名女裁缝，并且还给学徒提供培训。在她创业的前 6 个月，公司给了她资金的支持，以便她支付税费和其他的创业相关费用。与别的公司不同，图多本公司与裁缝签订的协议还包括奖金，具体金额根据产品质量而定，最高可达工资的 15%。而她也要把这笔奖金分发给她雇佣的裁缝，这样可以强化她们对企业的忠诚度。图多本公司还从事类似于小额贷款的业务。从法律上来说，它并没有放贷资格，但是为了让裁缝们能够购买缝纫机，公司会预付长达一年的购货款。如果不这样做，她们可能会去借当地的高利贷，

图 3.5　小微企业主塔蒂在她的裁缝工作室中（巴西，彼得罗波利斯小城）

月息高达 10%~20%，或者她们可能去借小额贷款。

　　了解了这些之后，你一定认为图多本公司是"公平贸易"吧，但出人意料的是，图多本公司并没有获得"公平贸易"认证。公司曾与公平贸易认证组织（FLO-CERT，又称 Max Havelaar，马格斯·哈弗拉尔认证）就认证一事进行磋商，结果是在棉花种植方面没有大的问题，但在服装生产方面想拿到认证有些困难。因为在服装生产环节，图多本公司是通过与微型企业合作的模式进行的，而公平贸易认证组织的标准中还没有这种组织方式，因此图多本公司不符合认证要求。但是对热罗姆·沙茨曼来说，认证并不重要，最关键的是要透明。谁都可以去参观棉花种植地和制衣作坊。"有些事我们做得很好,另一些我们还没做到最好。一旦你说你做的是公平贸易,别人就会来挑刺。有时我们也乘坐飞机,有时我们也不使用天然染料,但我们时刻注意从环境的角度来保证我们的行为是生态环保的。我们不可能面面俱到。"他承认说,同时也表现出他务实的一面。最后,他告诉消费者:"不应该把责任消费看成是令人讨厌的东西,责任消费不是让我们为了死后进入天堂而赎罪。无论是什么样的消费,我们都应该享受它。责任消费也可以给我们带来乐趣。"

索尼娅·舒瓦（Sonia Chauveau）
萨玛托亚生态纺织品公司（Samatoa）
出口销售负责人
柬埔寨，坎滨·普伊湖畔

柬埔寨，萨玛托亚生态纺织品公司

马克

生态荷花

荷花是全球最为环保的纺织材料。

——阿文·德拉瓦尔（Awen Delaval）

萨玛托亚生态纺织品公司经理

2004 年，Samatoa 生态纺织品公司建成于柬埔寨[①] 的坎滨·普伊湖畔，开始种植生态荷花，由此开启了一段美妙的历程。然而，这里对当地居民来说，充满了痛苦的回忆。坎滨·普伊湖主要用于农业灌溉，开凿于波尔·布特（Pol Pot）

---

① 2006 年，国际社会对柬埔寨的援助总额约为 25 亿美元，惠及 489 个项目。参见 http://www.senat.fr/ga/ga75/ga755.html。

执政时期，工程建造期间，约有 1 万柬埔寨工人为此失去了生命。湖泊沿岸的居民并不从事任何渔业活动，据他们说："湖中只有沉到湖底的尸体。"如今湖上正在建造水坝，这很可能会影响到 Samatoa 生态纺织品公司的生产活动，但是我们很难了解到水坝建设的相关信息。在柬埔寨，当我们谈及敏感话题时，人们仍有所顾忌，无法畅所欲言。一面是清脆悦耳的鸟鸣和洒满大地的温暖阳光，一面是近代高棉人民痛苦冰冷的历史记忆，我们陷入了一种矛盾的情感中。坎滨·普伊湖中生长着大量的荷花，Samatoa 生态纺织品公司于湖畔建立了荷花织布车间，我们在此会见了公司出口销售负责人索尼娅·舒瓦。

在高棉语中，"Samatoa"有"公平"之意。柬埔寨 Samatoa 生态纺织品公司致力于设计并销售用丝绸或其他原创名贵材料制成的纺织品。公司的创始人阿文·德拉瓦尔原先是法国布列塔尼地区的一位通信工程师。2001 年，她背上行囊来到东南亚，随后为柬埔寨的迷人魅力所深深吸引。阿文·德拉瓦尔对高棉人民的贫困状况及其所遭遇的苦难深感同情，随即构思在柬埔寨发起一种既能造福当地人民又环保的生产活动。之后，她在法国和柬埔寨进行了两年的市场调研并得出结论：丝织品工业具有很大的经济和社会发展潜

力 [1]。自柬埔寨政治局势稳定以来，当地居民和游客数量逐渐增加，他们都非常喜欢丝织品。由此，阿文·德拉瓦尔便坚信丝织品的公平贸易能够为当地人提供新的工作岗位。2004年，她建立了 Samatoa 生态纺织品公司。

荷花、香蕉、木棉、椰子、菠萝均可成为原材料

除丝织品外，Samatoa 生态纺织品公司还提供多种原材料，其目标是探寻稀有的天然纤维并使用柬埔寨自然环境中的原材料来制造有机纺织物。许多纺织工人掌握祖传手工纺织技艺，公司在充分借鉴这些工人的纺织经验的基础上，进行了大量的产品研发。由此生产出的布料以米为单位出口国外或用来制作女装。

女性在从事经济生产活动的过程中得到解放

Samatoa 生态纺织品公司在暹粒市（Siem Reap）开设的店铺距离吴哥窟（temples d'Angkor）有数公里远。当我们走进这家店铺，首先映入眼帘的便是用各种极具异国风情的材料制作的晚礼裙、女式衬衫、披巾以及饰物，仿佛走进了一个宁静多彩的世界。此外，公司还实行"成衣工人 24 小时工

---

① 在柬埔寨，纺织是一项在女性中代代相传的传统技术。人们使用木质纺织机织布。

作制"，这遭到了一些人的反对。在亚洲，纺织企业实行 24 小时工作制对工人来说应该是不公平的吧？然而在柬埔寨，这反而是公平的。因为此举为女性参加有偿生产劳动、养家糊口，进而实现自我解放提供了可能。以往，柬埔寨的女性不会出门从事劳动，她们只是负责处理家务和教育孩子。收获季节到来时，她们要长时间在水田中收割稻谷，此外还要处理家中的琐事，因此她们很少接触社会。Samatoa 生态纺织品公司的女性员工每月工资为 92 美元（在柬埔寨，法定最低工资为 60 美元），每年发放 13 个月的工资，公司为其缴纳医疗保险。此外，她们每年享受 32 天的带薪休假，并且有权与国际劳工组织（ILO）组建工会。最后，为减少对这些女性从业者的依赖，公司要保证她们产生的营业额不会超过公司总营业额的 50%。

在柬埔寨，纺织品业（2012 年出口额达 46 亿美元，占出口总额的 80%）共计 65 万从业者，其中大多数为女性。[1]柬埔寨低廉的劳动力价格吸引了外国投资者、大型服装制造商以及越南、中国、泰国等邻国的目光，它们希望将产业转移到柬埔寨，以降低生产成本。正如国际劳工组织的吉尔·塔克（Jill Tucker）所说："柬埔寨是除孟加拉国外，全球服装

---

① 参见 http://geopolis.francetvinfo.fr/tensions-sociales-dans-le-milieu-du-textile-au-cambodge-17223。

262 生产成本最低的国家之一。"① 然而，许多工人在劳动过程中因饥饿、过度劳累和车间通风条件差等原因晕倒在地，因此工人游行运动愈演愈烈，各个工会试图向政府施加压力。我们走访了 Samatoa 生态纺织品公司的一个织布车间和一个纺线车间，这两间厂房均建在底层用木架搭建的桩基上，工作环境可谓舒适宜人。

生态荷花

Samatoa 生态纺织品公司引以为傲的是用荷花来制造纺织品的技术。阿文·德拉瓦尔在缅甸时看到那里的高级僧侣身着绣有荷花的袍子，象征着他们有如荷花一般圣洁的宗教品格，她用荷花制造纺织品的灵感便是来源于此。柬埔寨人民也将荷花看作神圣的象征，他们采摘荷花花苞，带到寺庙中献佛或者摆放到家中的小型祭台前以缅怀祖先。剩下的荷花茎可重新自然生长，荷花根用来煲汤，荷花种子可食用或转卖给国内外的买家。

阿文·德拉瓦尔对我们说："荷花是全球最为环保的纺织材料。"荷花与棉花不同，棉花的生长需要消耗大量的水资源，而荷花会自行在水中生根，且无须施加任何化学产品。但是，

---

① 参见 http://www.lemonde.fr/asie-pacifique/article/2013/05/16/le-plafond-d-une-usine-de-chaussures-s-effondre-au-cambodge_3253448_3216.html。

荷花保鲜期短，因此相关生产活动必须在自然环境中进行，这在一定程度上对交通运输造成了困难。为最大程度地保留荷花的优良特性，从切断荷花茎秆算起，工人要在 24 小时内将其制成纱线，而整道制造工序仅靠手工完成。制作 1 平方米的荷花布料需要消耗掉 2000 米的荷花茎秆，每平米布料售价为 280 美元。这种布料具有柔软抗皱、透气性好且天然防水的优点。

Samatoa 生态纺织品公司面临的主要问题是荷花供应量不稳定。在柬埔寨，荷花的数量随湖泊水量的增长而增加。然而，每年的降雨量差别较大且雨季时长逐年缩短，这被看作是气候失常的表现或者直接影响。2013 年，问题尤为突出。索尼娅·舒瓦说道："（气候失常让）50% 的荷花都腐烂了，造成了荷花供应量短缺，进而使得公司无法为当地人提供工作岗位。"幸好公司还是找到了应对的方法，在柬埔寨其他地区建立和拓展供应渠道，并就近在当地建设荷花纺线、织布车间。

公司会成为获得认证的女性劳动合作社吗？

不久前，东南亚地区还没有有机产品认证机构，但今后柬埔寨的企业可以向越南和泰国的认证机构提交申请了。尽管每年要缴纳 6000 美元的认证费用，Samatoa 生态纺织品公司仍希望其荷花纺线织布工艺获得全球有机纺织品标准认证（Global Organic Textile Standard，GOTS）。在公平贸易认证方

图 3.6　Samatoa 员工正在织荷花织物（柬埔寨，暹粒市郊）

面，公司向世界公平贸易组织（WFTO）靠拢，应该也会在不久之后获得认证。

　　Samatoa 生态纺织品公司是一家社会型企业。2003 年，阿文·德拉瓦尔注册公司时，需要提交企业的组织形式，她本想建立一个合作社，但当时合作社这种企业组织形式尚不存在。2012 年以来，人们试图模仿 Samatoa 生态纺织品公司的模式，建立大量合作性质的新兴项目，他们的游说活动使得共同参与合作社（SCOP）为柬埔寨政府所接受。阿文·德拉瓦尔希望在未来长期采用合作和参与的形式来组织公司的生产活动（纺线、织布以及成衣制作）。她这样做是出于对多种因素的综合考虑，例如，给予公司中的女性员工更大的决定权（每位女性都有话语权）和优化成本等。

我们采访结束离开几个月后，坎滨·普伊湖被一场凶猛的洪水侵袭，湖中的荷花遭到破坏，湖畔的 800 个家庭受灾，80 间房屋被毁。村民们失去了一切，而我们几个月前曾拜访的荷花纺线车间也被洪水吞没。阿文·德拉瓦尔选择勇敢面对，她说："最重要的是洪水没有造成人员受伤或失踪。我们失去了所有的荷花，汹涌的洪水吞噬了一切，但我们正在重新种植荷花，重建车间厂房和员工的住处。"总而言之，高棉女性很少有从事职业劳动的机会，而此类项目是其实现自由解放的必由之路。①

---

① 我们的采访结束后，索尼娅·舒瓦带我们与她的朋友一同饮酒，在那里我们结识了克莱帕托（Crêpator），他发明了便携式法国薄饼制作工具。克莱帕托为了推销布列塔尼薄饼（可丽饼），身背这套重达 50 公斤的器具走遍了世界各地。如今他在马德望（Battambang）开了一家薄饼店，他选了个好地方！

女性"拾荒者"
在印度保育社（Conserve India）院子里
晾晒塑料袋
印度，新德里

印度，非政府组织印度保育社
马克

从塑料看道德

如果你只想要追求财富，你的亲属会把这些钱花掉，这将使你感觉被人利用；如果你致力于社会公共事业，面对严峻的贫困问题，你可能会很快懈怠下来；如果你专注于环境问题，没有人会听信于你，因为在他们看来，你的资金无法持续运转。对此，我的秘诀是，找到合适的平衡点。

——安妮塔·阿胡贾（Anita Ahuja）

印度保育社创始人

印度是全球第三大塑料生产国，仅次于中国和美国，而2025年，印度将上升至世界第一位。此外，它还是世界上最大的塑料消费国之一。每天都有8000吨生产废料被倾倒至首都新德里的街道上，其中绝大部分为塑料。由于缺乏资金（以及意愿），印度的公共服务部门对半数的废料不做任何处理。我们来到印度城市孟买（Mumbai）、德里（Delhi）以及马德拉斯（Madras）时惊愕地发现，这些城市的街道全都被一层厚厚的塑料、废纸和破纸板覆盖，仿佛自然而然地已经与城市景观融为一体。

按照印度社会传统，应由社会地位最为卑贱的人来负责清理垃圾，这一制度延续至今。大部分拾荒者为印度贱民，他们收集、挑拣堆积在街道以及露天垃圾场上的个人垃圾和企业生产废料，随后卖给中间商或是工厂，以此勉强糊口。因为他们没有身份证，大多来自孟加拉国和阿富汗，居住在贫民区，印度政府将其视为非法劳动者，驱逐出境，禁止进入印度境内。在印度保育社看来，采取措施防止拾荒者非法穿越印度国境是印度政府的职责所在，但是，一旦他们来到新德里，就应该想办法使其融入当地社会。十五年来，印度保育社创始人安妮塔·阿胡贾一直将此事当作自己的使命。

严密的企业创新进程

安妮塔·阿胡贾出生于博帕尔（Bhopal）的一个中产阶级家庭，父亲是一位捍卫人权的律师。她在德里学习文学和政治科学时，如同大多数同龄印度女性一样，并没有远大的抱负。安妮塔·阿胡贾极具艺术天分，但是她的父母仍然秉持着浓厚的家长制社会观念，倾向于让她选择一条更为传统的人生道路。24岁时，她完成了学业，同年在沙拉布（Shalabh）与一位年轻的工程师结为夫妻。婚后不久，她成为两个孩子的母亲，随后便投身于写作。她的短篇小说很快被大众媒体宣传，并被改编成影视作品。其中，《炙热的火焰》一书抨击了印度政治制度等敏感问题。[①] 安妮塔·阿胡贾因此受到了威胁，她决定不再从事写作。她审慎克制地向我们说道："我可以保证的是，我将要选择一种充满真诚和积极参与态度的生活方式。"

由此，安妮塔·阿胡贾于1998年创立了非政府组织印度保育社。她最初的构想是将有机废料分拣出来，制作成供街区里的公园使用的堆肥。她很快同一个政府项目展开合作，并且将她的项目复制推广到更大的范围。同时向收集垃圾废料的拾荒者发放制服，为其办理身份证。印度保育社因此获得了印度政府，继而国际社会颁发的鼓励奖金。然而给予奖金往往意味着失去自主权。安妮塔·阿胡贾意识到若想坚持将这份事业做下去，印度保育社必须要实现经济独立。但是印度保育社作为一个依靠外部资金支持的非政府组织，又该

---

① 安妮塔·阿胡贾（Anita Ahuja Panjwani）：《炙热的火焰》（*Flames of Fervour: A Novel*），阿卡尔出版社（Alka），1996年。

如何实现经济独立呢?

安妮塔·阿胡贾按照她的想法先从塑料垃圾着手。她计划把这些塑料垃圾加工成时尚配饰以及家具。随即,她就将想法付诸实践,用塑料来生产床,不久就证明她的思路是对的。安妮塔·阿胡贾对我们说:"人们不会想到这是由垃圾废料制成的。"她的丈夫制造出一种可以自动进行塑料薄板精细切割的机器,由此可实现量化生产。夫妻二人心怀同样的目标,安妮塔·阿胡贾是创造的艺术家,她的工程师丈夫则负责推动实现自动化。他们还用回收利用的塑料制成袋子销售给大使馆,用来装运红酒。有一次,一位富有的女性顾客"突然喜欢上"了一个袋子,随后向安妮塔·阿胡贾订购一个相同款式但做工更加精致的袋子,并打算给出更高的价格。由此,安妮塔·阿胡贾萌生了制作高级时装的想法,于是雇佣了裁缝,招聘了大量的实习生。这些充满热情的人能够吸引到更多的有识之士吗?

随着印度保育社产品销量的增加,问题也很快显露出来。购买者不希望同一个非政府组织进行交易,其原因是非政府组织不应该从事商业活动,其资金依靠外部支持,过去已经有失败的先例等。安妮塔·阿胡贾感叹道:"在买家看来,非政府组织是治疗社会弊病的,不应该经商。"因此,转型为私营企业成为必然的选择。此后,印度保育社正式划分为非政府组织保育社(Conserve)和私营企业回收塑料手工制品公

270　司（Conserve HRP）两部分，前者继续致力于解决拾荒者的
社会融入问题，后者负责管理商业活动，为客户提供产品。
公司营业额的 80% 用以发放工人工资、购买原材料以及支付
总开销，剩余的 20% 用来为非政府组织印度保育社的社会项
目提供资金支持。①

回收塑料制成的跳板

　　印度保育社充当了拾荒者的跳板，为他们提供基础培训
教育，让他们在此提升自我，最终能够为其他公司所录用。
因此，教育培训成为头等大事。然而，很多拾荒者根本不识
字，还操一口外地方言，这时则需灵活应对，寻找解决方法。
拾荒者们身上有什么共同点呢？显而易见，他们都狂热地喜
爱宝莱坞的明星！印度保育社突发奇想，将颜色同宝莱坞明
星的名字联系在一起，以此来帮助他们分辨自己收集的塑料。
这真是个好主意！拾荒者们还将接受印地语课程教育，这是

---

　　① 在印度，垃圾废料处理产业日趋私有化，但人们不会付钱给垃圾
处理企业对垃圾进行回收处理，他们必须自力更生。因此这些企业收
集的垃圾越多，其收益越高。而不对垃圾废料进行循环处理，对环境
和卫生健康所带来的影响已是人尽皆知：河流污染、生态多样性遭到
破坏、水污染引发的人畜疾病等。多年以来，民众一直向印度政府施
压，呼吁寻求建设露天垃圾场的替代措施，但在印度国内，塑料和石
油产业的游说集团却是实力最强的压力集团。

其融入印度社会的必修课。除此之外，他们也学习了解劳动者权利，因为他们当中大多数人都没有维权意识。目前，印度保育社共有 60 名拾荒员工，被相关企业录用的员工数已达 300 人。拾荒者的子女可以进入由保育社全额资助建立的学校，该学校传授基础知识，为孩子们随后进入政府公立学校打下基础。一个卫生健康项目也于不久前成立，每个月都会有小客车运载专门人员来到贫民区，为居民提供医疗服务并分发药物。简单来说，就是提供移动医疗服务。

拾荒者按照其转卖垃圾的重量获得报酬。在德里，平均每位拾荒者每月可以赚到 2500 卢比（约合 43 美元），外加每月从印度保育社领取 5200 卢比（约合 84 美元）的薪水。他们每周工作 6 天，每天工作 8 小时，还享受医疗保险，费用由政府和印度保育社均摊。印度传统宗教节日侯丽节前夕，他们可以领到一个月的额外薪水。节日期间，人们会在街道上相互投掷彩色粉末，我们曾有幸参加过这一盛大的活动。公司每年会列出各个地区的宗教假期的清单，以保证每位员工都能自由安排休假时间。这一制度给公司的后勤组织工作造成了一定困难，但却是体现尊重宗教信仰自由和多样性的成功典范。印度保育社还建立了公共基金，为拾荒者提供小额贷款，用于个人花销（举办婚礼、购买摩托车等）或是个体经商。印度保育社以前的拾荒员工建立了 10 家微型企业，主要是生产手袋并销售给保育社。

272

2010 年，印度保育社搬迁到了新德里郊区的工业园。近年来，印度首都新德里发生了巨大的变化，印度政府计划将其建成国际化大都市。市中心正在兴建地铁线路以及 3000 个商业区，已无处容纳工厂和贫民区，只能将其迁往郊区。但这恰恰有利于安妮塔·阿胡贾的项目实施。实际上，目前印度保育社已经成为一个囊括了 1700 家工厂的产业生态系统，正是这 1700 家工厂，为受其培训教育的拾荒者提供了就业岗位。公司因此更加拉近了与贫民区和拾荒者的距离。

印度保育社品牌进军时尚产业，其名气逐渐积累起来。进货商——主要是购物中心和公平交易商店——及其顾客都对这些产品的故事十分感兴趣，以回收利用的塑料袋、轮胎、安全带、牛仔裤以及纱丽为原材料制造的包、钱夹、地毯和凳子，销量不断增长。塑料回收利用的人工技术在二十年内都会受到发明专利保护。公司的营业额已达 13 万欧元，全部产品出口到欧洲、美国以及澳大利亚。[1] 安妮塔·阿胡贾说道："目前依然很难撼动当地市场，因为印度人并不打算将垃圾废

---

[1] 印度损失了大部分的产品附加值。我们来剖析一下公司产品的价格，以售价 10 美元的袋子为例，非政府组织印度保育社获得 2 美元，用于实施社会项目计划；公司获得 8 美元，用于发放员工工资、购买原材料以及支付管理费用。购物中心以 35 美元的价格进货，最终以 60 美元的价格转卖给顾客。公司希望今后直接将产品销售给经销商，以消除中间商，现阶段正尝试在美国进行在线销售。

料同时尚联系到一起。这完全可以理解，因为长久以来，我们一直在同门口堆放的垃圾做斗争。"但她认为人们的思想正在发生变化，市场很快便会成熟。安妮塔·阿胡贾计划不久后在德里市中心开设一家店铺，照例由公司以前的拾荒工人负责经营。

目前，15 万拾荒者担负着德里 20% 的垃圾收集和挑拣工作，但他们依然没有合法的身份。印度保育社呼吁政府承认拾荒者的公民身份，正规化拾荒者的职业，制定垃圾废料的市场价格，采取措施保证拾荒者人身安全并为其提供受教育的机会。从贫民区发出的呼声能够传达到上层政府吗？

卡罗斯·琼斯（Carlos Jones）
酷咖啡（Coocafé）公司森林咖啡（Café
Forestal）基金会主席
哥斯达黎加，圣何塞

哥斯达黎加，酷咖啡

马克

除香醇的咖啡外，这里还有什么

如果产品的大部分附加值都被欧洲获得，那么公平贸易又从何说起呢？

——卡罗斯·琼斯

　　哥斯达黎加是全球少数几个不设军队的国家之一。该国将发展教育、健康事业以及保护生态系统作为首要任务，这在中美洲国家中独树一帜。Pura vida（西班牙语，意为"美丽的生活"）是当地居民最常用的表达，而我们很快便被这些可爱的人迷住了。哥斯达黎加的国土面积不足法国的 1/10，然而，其生物多样性却比世界平均水平高出 6%，国土面积的1/3 为自然保护公园，这使哥斯达黎加成为绝佳的生态旅游目的地，旅游业与咖啡种植产业均为国家重要的收入来源。[①] 肥沃的火山土壤、充足的降雨量、全年恒定的温度以及海拔高度为 800～1600 米的高原地形，为咖啡的生产活动提供了优越的自然条件，人们亲切地将其称作 grano de oro（西班牙语，意为"金粒子"）。

19 世纪 20 年代，首批拉丁美洲国家开始发展咖啡产业并将咖啡出口到世界各国，哥斯达黎加便是其中之一。以往，小户生产者在农庄进行生产劳动，并将咖啡卖给中间商，由后者负责出口。然而在 1989 年，国际社会无法就原材料价格达成一致，造成咖啡价格崩塌。为维持同西方的贸易往来并避免转卖土地，咖啡生产者们纷纷聚集在一起成立了生产合作社，以此来稳定当地经济状况，挽救咖啡产量。在此背景下，酷咖啡公司应运而生。

采取全方位措施增强产业代表性

酷咖啡公司从一流生产合作社的生产者那里收购种子，并将其转卖给出口商或公平贸易购物中心，在欧洲进行焙炒后通过大型超市（开放产业链）或者公平贸易连锁店（闭合

---

① 哥斯达黎加为保护环境，对每升汽油征收 0.13% 的税。20 余年来，所收取的税款均捐给国家森林投资基金（le fonds national du financement des forêts）。

276

产业链）销售。公司从分布在全国各地的 9 个一流合作社 ① 的 4000 个小户生产者处收购咖啡豆。30% 的咖啡为公平贸易商品（印有马格斯·哈弗拉尔［Max Havelaar］公平贸易标签），剩余的 70% 在传统市场上销售。酷咖啡随后通过公平交易转卖咖啡豆，价格比传统市场高 30%～40%。

为支持参与合作社的生产者，酷咖啡成立了两个基金会。其中一个基金会具有社会性质，专门服务于咖啡种植户的子女。该基金会每年为 300 个学生发放奖学金，向 25 所学校提供物质援助，还出资建造了一幢大学宿舍楼。森林咖啡基金会（la Fundacion Café Forestal）则致力于资助酷咖啡的咖啡种植和混农林业生产活动。合作社每销售出 1 公斤森林咖啡（Café Forestal）品牌产品，便向基金会回馈 1 美元，以维持其正常运作。

这些财富被悉数应用到生产中，位于哥斯达黎加首都圣何塞北部的萨拉皮基县（Sarapiqui）合作社表现尤为突出，为此我们前往拜访。采访期间遭遇了倾盆大雨，这倒是

---

① 哥斯达黎加是拥有众多专业合作社的国家。合作社可以将小户生产者联合起来，以求在同买家进行谈判时处于更加强势的地位。生产者生产食品原材料，随后进行加工，并在需要时将其投入市场，以保留更高比例的商品附加值。哥斯达黎加政府采取创造性措施来支持这一运作模式，即国家银行将 5% 的利润捐赠给一家基金会，而该基金会以提供贷款和培训教育的形式对合作社进行资助。

提醒了我们，正是充足的降水让咖啡能够生长在海拔 1000米左右的高原地区。我们跟随森林咖啡基金会主席卡罗斯·琼斯和萨拉皮基县合作社经理奥菲莉亚·曼贝诺（Ofelia Membreno）在雨中穿行。萨拉皮基县合作社从 200 个生产者处收购新鲜的咖啡豆，将其晾干、储存、包装，随后卖给购物中心、当地超市或游客。咖啡的各部分均可加工使用，生产过程中物尽其用，不会出现浪费。咖啡果肉可用作肥料，咖啡豆的壳子可作为燃料，掉落的树枝和咖啡果可为烘干炉提供燃料。农场中还建有温室大棚，可直接在阳光下晾晒咖啡豆，以此节省一部分燃料，还会使咖啡更加具有香醇浓郁的口感。最后，我们来到一个面积有三个网球场大小的巨型大棚前，该大棚用于为咖啡树制作堆肥，借助数百万蚯蚓的作用，提高了咖啡树的生产速度。在生产的最后环节，废水被回收利用，随后在水池中进行过滤，最终重新排放到承担供水的湖泊中。

将产品定位为"公平贸易"商品引发争议？

为减小咖啡产业收入浮动所造成的影响，促进当地经济可持续发展，萨拉皮基县合作社以酷咖啡发展模式为参考模板，开展了多种生产活动，例如生态旅游项目、罗非鱼（tilapias，一种淡水鱼）养殖业以及公平贸易标签销售等。合作社经理奥菲莉亚·曼贝诺略带苦涩地向我们解释了合作社发展多种产业活动的主要原因："以前，通过公平贸易认证的咖啡期货交易价格为每公担 125 美元，外加 10 美元的补贴，传统咖啡的期货价格约为每公担 40 美元，然而后者价格上涨时，通过公平贸易认证的咖啡价格却纹丝不动。具有公平贸易认证的咖啡价格应该随传统咖啡价格一同上涨，否则公平贸易市场将逐渐消失。"奥菲莉亚·曼贝诺之所以提出这样的诉求，是因为作为公平贸易商品的咖啡，生产成本更高。因此，若传统咖啡价格上涨，一部分生产者会放弃公平贸易市场，转而选择传统咖啡贸易。

阿尔巴罗·戈麦斯（Alvaro Gomez）认为，马格斯·哈弗拉尔公平贸易商品认证的费用"太过昂贵，不符合合作社的发展现状。尽管公平贸易咖啡售价高于传统咖啡，但这一差价并不能抵消质量成本、社会成本以及环境成本"。他呼吁公平贸易市场的全体参与者——生产者、购买者、焙炒咖啡商、咖啡经销商以及国际公平贸易标签组织（FLO）的认证机构——共同致力于改变这一过时的制度，因为该制度损害了小户生产者的利益。森林咖啡基金会主席卡罗斯·琼斯甚至更为激进，他对西方国家从咖啡产业中攫取经济利益的行为表示强烈抗议："如果产品的大部分附加值都被欧洲获得，那么公平贸易又从何说起呢？"[1] 他希望发展中国家的生产者不再仅仅被视作原材料的供应者，而是成为价值链条上重要的参与者："我们希望在国内焙炒咖啡，但是欧洲人认为我们做得不好，并拒绝购买。"阿尔巴罗·戈麦斯的抱怨是情有可原的，在南北贸易（不论是公平贸易还是传统贸易）中，咖啡的附加值使商场、焙炒咖啡商以及销售商的利润大幅增加，且大部分由西方国家获得。

---

[1] 加纳一家可可生产者合作社采取了新的贸易模式，以促进价值链条参与者更加合理公平地分配利润，从此将命运掌握在自己手中。农业生产者们聚集起来，建立了自己的购物中心——Kuapa Kokoo 农民联盟（Kuapa Kokoo Farmers Union），并向劳动者发放报酬。他们不再将可可卖给中间批发商，而是建立自己的销售渠道，依靠可可产业过上了体面的生活。此外，该合作社还持有公平贸易品牌非凡巧克力（Divine Chocolate）45% 的股份。生产者出售可可豆并将非凡巧克力运送到欧洲进行销售，通过这种模式减少了中间商，生产者的收入达到了以往的两倍。

巴格雷·布蒂里（Bagoré Bthily）

牧羊人乳制品公司（La Laiterie du Berger）创始人

塞内加尔，达喀尔

塞内加尔，牧羊人乳制品公司

马克

游牧民族生产的牛奶

如今，商业与公益事业的界限逐渐模糊，而在几年前，这是难以想象的事情。

——巴格雷·布蒂里

现年 44 岁的哈马迪（Hammadi）是当地的游牧民，他来自一个古老的游牧民族——颇尔族（Peul）[①]。哈马迪饲养了 28 头瘤牛、两头驴，外加几只山羊。这片热带草原临近塞内加尔与毛里塔尼亚交界处，雨季牧草丰美，可是旱季来临时，哈马迪必须带着妻子及四个孩子将畜群转移到塞内加尔南部的山里，为牛群寻找生存所需的牧草。但从去年起，哈马迪决定定居下来，并将瘤牛产的奶销售给 20 公里外的牧羊人乳制品厂（LDB）。哈马迪告诉我们："从我开始与牧羊人乳制品厂合作，

---

① 关于没有国界的民族——颇尔族，外界对其历史起源问题并未达成一致意见。一些人认为颇尔族起源于埃及，另一些人则认为起源于索马里。非洲大概有 3000 万颇尔人，分布在近 15 个国家，他们有着共同的语言和文化。颇尔族人的迁移造就了众多混血人种，因此很多族人为白色皮肤，塞内加尔人认为颇尔族女性是非洲最美丽的女性。塞内加尔的颇尔族人大多为穆斯林，他们精于畜牧，生活在塞内加尔河沿岸地区，人口数量达 300 万~400 万人。在河流水量减退的时期，广阔的牧场吸引着牧民前来放牧畜群。一些牧民仍然过着游牧生活，旱季来临时，他们将畜群转移到塞内加尔南部的牧场放牧。有的牧民仍会进行短途迁徙，但也有部分牧民定居下来。在困难时期，畜群就是牧民的生活保障，其实牛群并不具备生产力，因为长期以来，他们并不出售牛奶或小牛。在巴格雷·布蒂里看来，当前最关键的问题是要改变这一陈旧的模式，将颇尔牧民畜群用于农业生产，为牧民提供稳定的牛奶销路并在旱季为畜群提供饲料，以此来帮助牧民定居下来，最终使他们能够依靠畜群过上体面的生活。在塞内加尔，越来越多的颇尔人选择定居。我们也在思考，一家公司人为干预了深刻的社会历史变迁，使得牧民纷纷定居，此事是否违背社会自然规律？然而，牧民定居的支持者手握一个强有力的论点：游牧生活与儿童的入学教育相冲突，人们如何忍心剥夺 400 万牧民的孩子接受教育的权利呢？

我家的日常生活变得简单了。以前，除了漫长的移牧外，我还要在附近甘蔗厂的生产线上拼命工作。"自从牧羊人乳制品厂在旱季向哈马迪提供畜群饲料并购买他家的牛奶以来，他便打算定居下来。哈马迪可通过出售牛奶获得稳定的收入，供孩子们上学用。天色已晚，哈马迪留我们在家中过夜。能够在这片热带草原上与一个颇尔族家庭共同度过一天，并躺在游牧民族（实际上，他们也逐渐定居下来）的茅屋中入睡，是很少人能享受到的待遇。第二天清晨六点女主人便要起床挤奶。现在正是旱季，牛奶的产量比较低，女主人辛苦一阵子也只能挤出最多3升奶。但是哈马迪却持乐观态度，如今他每天的收入为3欧元，而为数一半的塞内加尔人每天的收入低于1.5欧元。[1]

在塞内加尔，进口奶粉在牛奶消费量中占比高达90%以上，然而塞内加尔国内有400万颇尔人，长期以来他们以放牧

---

[1] 为了庆祝节日的到来，一家之主哈马迪今天宰杀了一只山羊，随后我们掏出其内脏，将羊肉切块后上锅烹制，最后在篝火旁大快朵颐。除羊肉外，我们还品尝到了塞内加尔"国菜"thiéboudjene（鱼腹中塞入大米）。按照当地习俗，成年男性最先用餐，女性和孩子随后才可以吃。晚饭期间，某种小动物袭击了我们，我们认为那是蝎子，看到我们如此惊慌，哈马迪一家倒是大笑了起来。第二天我们才知道，那小动物只是一只螃蟹（撒哈拉沙漠中会有螃蟹吗？）。哈马迪家既没有水也没有电，但是茅屋中却响起了手机铃声。在非洲，连接电网的人口数量只有手机用户数量的1/3。清晨，女主人挤过牛奶后为我们端来牛奶咖啡，竟是用奶粉冲兑的！

牛群为生，能够生产出高质量的牛奶。牛奶市场介于非正规产业和正规产业之间，以非正规形式销售的牛奶没有官方交易记录，占塞内加尔牛奶消费量的2/3。造成这种非正规销售的原因，一方面是牧民自身消费牛奶或卖给当地买家，另一方面则是由于一些不规范的作坊生产，经营作坊的小商贩用水冲兑奶粉，随后装袋卖给客人。正规产业（支付增值税的合法公司）销售的牛奶占消费总量的1/3 [1]，其中进口奶粉所占比例为90%以上。出于对效率因素的考虑，塞内加尔的奶制品生产企业选择了奶粉。这些企业使用集装箱将奶粉进口到国内，随后在达喀尔加工，最终在国内主要市场达喀尔进行销售。

兽医开出的行业诊断

牧羊人乳制品公司创始人巴格雷·布蒂里则对牛奶行业抱有不同的看法。他希望建立一家公司，在当地收购牛奶并制成奶制品进行销售，以此来改善颇尔族牧民的生活条件。巴格雷·布蒂里在欧洲学习兽医，此后在法国和比利时同农

---

[1] 牛奶并非个例。在塞内加尔，大米、洋葱以及牛奶等许多生活必需品均依赖进口。政府从中看到了生财之道，对进口商品征收税款会为国家带来一笔可观的财政收入。然而，政府这一税收政策使得产品附加值难以在国内实现，加剧了塞内加尔对外部世界的依赖性，可能会引发粮食安全危机。2008年，生活必需的粮食产品价格上涨，导致了粮食骚乱，这使人们意识到了问题的严重性。

牧民一起进行了数年农业活动。巴格雷·布蒂里观察到，萨赫勒地带（Sahel）聚集着为数众多的奶牛和传统牧民（在塞内加尔约有 300 万～400 万人），这些牧民生活极不稳定，活动区域的水源日渐枯竭。巴格雷·布蒂里将当地的牧民与同他共事的法国牧民做了比较："毛里塔尼亚的牧民饲养上百头母牛，但他们买不起维持家庭日常生活所需的大米，没钱送孩子去上学；而与我共事的法国牧民虽然仅饲养三十来头母牛，但他们买得起汽车和房子，甚至可以送孩子出国读大学。"巴格雷·布蒂里对此感到苦恼，于是他构思出了一套解决方案，就是创办一家乳制品工厂，收购当地牧民的牛奶，在塞内加尔加工销售。巴格雷·布蒂里对商业具有敏锐独到的见解："对我们来说，社会型企业的目的就是综合利用企业的效率、企业家的能力以及市场的力量，在广泛的群体中实现社会价值最大化。"他计划实施的项目"不会偏离让牧民富裕起来或者说让国家摆脱贫困的目的"。

从手工项目到中小型企业

2005 年，巴格雷·布蒂里创办了牧羊人乳制品公司，收购颇尔族牧民的牛奶。牧民每天清晨和傍晚挤牛奶，原本应该在两小时内对新挤出的牛奶进行冷却，但是牧场没有电，无法冷却牛奶。为此，牧羊人乳制品公司派卡车每天两次到牧场收集牛奶，并运往工厂进行冷却，提供更好的贮存条件，随后进行加工。最终，牧羊人乳制品公司将牛奶、"新鲜"酸奶和用当地水果制作的果汁，销往利基市场。这些产品售价昂贵，只针对塞内加尔富裕阶层的消费者，因此并不会对大众消费商品构成竞争威胁。巴格雷·布蒂里在采访中说道："2005 年至 2008 年，我们的商业模式更像是传统的公平贸易项目，从贫困的牧民那里收购牛奶，随后转卖给富有阶层的买家。此外，牧羊人是个法语名字，符合我们对客户的定位。"2008 年，粮食危机波及塞内加尔，与进口奶粉相比，牧羊人乳制品公司所收购的牛奶已经具备了价格竞争力。巴格雷·布蒂里说道："那时，我感觉到市场行情正在发生变化，公司奶制品的销售对象不再仅仅局限于精英阶层。今后要将产品投放到整个塞内加尔市场，最大限度地争取客户，以使尽可能多的牧民能够从中获益。"

从中小型企业到大型企业

以现有的资金技术能力和人员构成，牧羊人乳制品公司还不足以成为大型企业，投身大众市场。巴格雷·布蒂里重新审时度势，提出了新的解决方案——寻找经验丰富的职业合作伙伴。很快，他通过全球最大鲜奶产品供应商达能公司（Danone）下属的社会投资基金会达能共同基金（Danone Communities）与该公司展开合作。在巴格雷·布蒂里看来，达能公司不仅拥有雄厚的资金，还为他带来了产业化和市场营销的理念，特别是帮助他创立了更加本土化的 Dolima（沃洛夫语，意为"还想喝"）品牌（标志为绿、黄、红三色）。参与项目的达能公司法方领导小组成员在此之前还参与了一项人力车销售项目，该项目囊括了国内所有偏远的商店，以大部分塞内加尔人可以接受的价格出售人力车。另外，达能公司还为牧羊人乳制品公司的员工提供了人力资源管理、商品质量保证和产品研发等众多培训项目。但是，达能公司所做的一切也不是单纯的无私奉献，它获得牧羊人乳制品公司 20% 的股份，达能共同基金获得 25%，巴格雷·布蒂里家族则保留 27% 的股份。

我们在牧羊人乳制品公司位于达喀尔的厂房中结识了年轻的女孩伊莎贝尔·苏丹（Isabelle Sultan），达能共同基金派她到塞内加尔来负责牧羊人公司的市场营销工作。初次见面，她就展现出良好的学识和充足的活力。作为一个在西方大型集团工作的职业"营销者"，她的谈吐中充满专业词汇，这让我们稍显困窘。伊莎贝尔·苏丹口中的"price point"（英语，意为"价格点"）、"must"（英语，意为"必须"）等词语在我们的头脑中回响，我们必须花费几分钟时间将注意力集中到项目上来，才能听懂她的意思。

伊莎贝尔·苏丹对我们说，投资像牧羊人这样的社会型企业对达能公司很有好处。很多人求职是冲着达能共同基金会来的。对社会型企业的投资能够吸引人才、留住员工，并营造团队自豪感。此外，达能公司还发现了当地市场的特点，比如，年轻人市场，理性消费群体，复杂的销售渠道以及在复杂的物流系统、电力短缺情况下的冷链管理等。牧羊人乳制品公司是达能公司针对发展中国家采取策略的"实验室"。相比于达能公司这样的行业巨头，牧羊人乳制品公司规模较小，因此更敢于冒险和创新，能够更迅速地采取行动。最后，伊莎贝尔·苏丹坚定地说，那些像她一样被派往国外的员工"带着不同的收获回到法国，并给达能旗下的企业带去了不同的收获"。[1]

谨慎改变企业规模？

在巴格雷·布蒂里看来，尽管牧羊人乳制品公司已经不再是过去的那个中小规模的公平贸易项目，但"我们的产品依然具有价值和社会'公益'色彩，它为 800 个牧民提供了牛奶的销路"，这一点从未改变。此外，虽然没有签署合约，但公司承诺将与牧民展开长期合作。在我们采访期间，巴格雷·布蒂

---

[1] 法国非营利组织社会企业家运动（Mouvement des Entrepreneur Sociaux）对社会内企业家的定义为："一些人在'传统'企业工作，他们希望通过特殊的项目计划，'从内部'改变公司的商业活动和行业状况，转而追求发挥更大的社会和环境价值，我们称这样的人为社会内企业家。内部创业是连接'传统'企业与社会企业的桥梁，有助于促进职业理想与社会价值的协调统一。对企业来说，这是一个激活员工创业意愿和创新动力的新办法。"

288　里多次引用小额贷款创始人尤纳斯（Yunus）教授的名言："一次真诚的握手胜过一纸合约。"[①] 牧羊人乳制品公司以每升200非洲法郎（约合3欧分）的价格从牧民手中收购牛奶。牛奶成本价需符合市场现状，并保持对奶粉的竞争力。我们向巴格雷·布蒂里询问牧民生产牛奶的成本，以计算他们将牛奶销售给牧羊人乳制品公司后可获得的单位净利润。他告诉我们，牧民生产过程中的成本很难计算且随季节变化。具体来说，7月至10月，也就是雨季期间，牛奶生产成本较低，此时牧草充足，劳动力成为唯一的生产成本。这段时间牛奶产量十分充足，但经常因缺乏销路而造成浪费。而在旱季，饲料成为投机炒作的对象，购买饲料的费用拉高了生产经营的成本，此时牛群产奶量明显降低。如此一来，牧羊人乳制品公司的牛奶供应量也随季节变化。公司平均每天支付给牧民3欧元的报酬[②]，而半数的塞内加尔人每天的收入还不足1.5欧元。

---

① 切勿对企业过于依赖。巴格雷·布蒂里提出的为牧民提供饲料并从牧民手中收购牛奶的项目方案，固然具有好的发展前景，但是牧民可能会逐渐依附于企业，因为后者同时控制了牧民的销路和供应。如此一来，牧民就可能成为公司独立的准雇劳动者，若发生自然灾害或经济危机，他们必须独自承担经营风险。牧羊人乳制品公司等社会型企业的作用就是预测并管控这种风险。

② 牧羊人乳制品公司从牧民手中收购牛奶的价格为每升3欧分；2012年法国平均牛奶收购价为每升31欧分。是塞内加尔牛奶收购价过低还是法国牛奶收购价过高？

巴格雷·布蒂里诚实但略带辛酸地告诉我们，在旱季，因鲜奶产量过低，他常常不得已向鲜奶产品中搀兑奶粉。牧羊人公司还向牧民提供饲料，以保证鲜奶供应量。不久前，公司从塞内加尔糖业公司（Compagnie Sucrière Sénégalaise）附近的甘蔗加工厂回收残渣，将其转卖给牧民作为饲料。此举可以称得上是非洲本土化的工业生态学的典范了吧？牧羊人公司除在价格上作出让步，以及为牧民提供服务之外，公司还积极地与牧民们建立互相信任的关系。正如巴格雷·布蒂里所说："我们之间的关系远远超过了一句简单的'我要买你的牛奶'，更不像华尔街的金融产品那样世故圆滑。每一天我们都开诚布公地谈论问题。"

在巴格雷·布蒂里看来，尽管公司从小型公平贸易公司向大型企业、达能公司的合作伙伴转型，尽管公司的特征是社会型企业，但是这些并没有真正改变公司和牧民之间的关系。要说改变，唯一发生的改变可能是：牧羊人公司从牧民手中收购的牛奶更多了，还有就是，一些toubabs（沃洛夫语，意为"白色皮肤的人"）会扛着摄像机前来拜访。对巴格雷·布蒂里来说，最根本的改变是牧羊人乳制品公司在同达能公司合作之前，仅仅考虑牧农的利益，而现在更多地以营销的视角来看待问题，并且注重消费者的需求。

2013年以来，牧羊人乳制品公司参与了一项儿童营养计划。在达喀尔，半数的孩子来到学校时腹中空空如也，1/3 的孩子缺乏维生素和矿物质元素。牧羊人乳制品公司意识到了这一情况的严重性，随即发起了名为"Lemateki"的计划，项目名称由沃洛夫语中"吃饭—长大—成功"三个词的缩写组成。公司设计生产了一款适合儿童的产品，取名为"提力健"（tiakri fortifié），每剂产品可为 1 个 7 岁至 9 岁的儿童补充 20% 每日所需的锌、铁、碘等微量元素以及维生素 A（按照国际卫生组织建议的标准），该产品随后被销往学校。儿童营养计划由非政府组织恩达·格拉夫·萨菲尔（Enda Graf Sahel）以及长期参与其中的团体出资支持，其目的是掀起运动热潮，呼吁政府、相关团体以及家长在全国范围内共同致力于学校儿童的营养问题。

牧羊人乳制品公司以改善颇尔族牧民生活条件和学校儿童的营养状况为己任，越来越像是一个非政府组织。但是，该公司并非慈善机构，其运营模式更像是一家商业公司。在为大众谋求利益方面，企业、非政府组织以及政府之间的差异性已经逐渐减小。巴格雷·布蒂里带着一贯的微笑对我们说："如今，商业与公益事业的界限逐渐模糊，而在几年前，这是难以想象的事情。"

·
·
·

公民社会与公民运动

·
·

教育、培训和权利

邦克·罗伊（Bunker Roy）
赤脚大学（Barefoot College）创始人
印度，拉贾斯坦邦（Rajasthan）

印度，赤脚大学

西尔万

赤脚大学

21世纪的文盲已不再是那些不会读写的人，而是那些不会学习、不会摒弃已学以及不会重新学习的人。

——阿尔文·托夫勒（Alvin Toffler）

美国作家、未来学家

"印度奇迹"这一媒体和经济学家用于描绘印度的词语饱受争议。我们真的可以用"奇迹"去形容世界第二大的贫困国吗？在印度，有2/3的人从事农业生产，每年接近两万农民由于负债累累而选择自杀。这些自杀现象也恰恰是世界农业危机的反映。连续数届无能的政府采取了结构性改革措施（土地改革、农业土地证券化[1]），采取了抵制农业巨头的行动，这使印度大多数默默无闻的基层民众深受其害。首当其冲的就是妇女，因为她们是经常被忽视且备受剥削的弱势群体。受资源短缺和气候异常的影响，印度人日常工作的繁重程度不断加剧，妇女成为主要受害者。幸好，在每个村落，祖先创造的经验和手艺在当地流传下来，这些技艺或许能改善这些弱势群体的生活条件。为了避免传统技艺埋没在现代科技进步的洪流中，有一个组织投入复兴传统技艺的任务中来。该组织将这些传统技艺搜集起来，结合现代的使用方法，传授给乐于重新运用这些技艺的人。这个先锋组织便是赤脚大学。

我们应约来到距离拉贾斯坦邦（Rajasthan）的城市阿杰梅尔（Ajmer）100多公里的村庄，这里的村庄没有公路连通，也没有配备电网。在印度，这样的村庄有上千座。沿途的小道两旁躺着死去的牲口，这里的平原因为气候干旱几近成为沙漠。在这个偏僻的地带，看起来一切都似乎不适合居住。然而，40年前，正是在梯罗尼亚村（Tilonia），年轻的邦克·罗伊和他的朋友们收拾行囊，开启了一段漫长的旅途，深入农民的传统经验和技艺中去。似乎一夜之间，人们随处

---

① 证券化是指银行等机构将其债权出让给一些特殊目的主体，并由这些主体在市场上发行债券的行为。

都能看到写着"欢迎来到赤脚大学"的宣传牌。赤脚大学的两位成员拉姆尼瓦斯（Ramniwas）和特贾拉姆（Tejaram）热情地接待了我们，并安排我们参观校园。拉姆尼瓦斯是歌词创作者、会计兼木偶制作者（这些木偶主要是用来教育当地的村民面对雇主时所拥有的权利）。特贾拉姆则是当地太阳能净水项目的负责人，同时负责管理赤脚大学教育学院。但他们所获得的成功并非与生俱来。在特贾拉姆小时候，父母需要他在家里的农场和田里帮忙，因此未能上学。那时看来，他未来的人生将重复父辈的轨迹，但一次与赤脚大学创始人的相遇改变了他的命运。到梯罗尼亚村不久，这些从城里来的朋友便邀请特贾拉姆参与到刚开设不久的夜校课程中学习。课程的教学方法似乎格外有效。5年后，特贾拉姆已经可以识字、书写和算数。于是赤脚大学的创始团队邀请他加入大学。这一次，他站在讲台上，农村出身的他饱含热情地教导着来自世界各地的学生。

发展不平衡的印度

1966年，邦克·罗伊的人生遇到了新的转折点。他出生在一个富裕的孟加拉国家庭中，生活条件非常优越。邦克的祖父是联合国粮农组织总干事。父母为他的职业生涯进行了规划，希望他成为高级外交官。他上的学校是印度名校，在学校里，他同印度塔塔集团和甘地王朝的继承者们一起学习。

他的职业生涯似乎像是在五线谱上谱好的曲子，按部就班地进行着。然而，那时他还不到 20 岁，随后的一次志愿者活动颠覆了他年轻的人生。在印度比哈尔邦（Bihâr）游历期间，他经历了印度最为严重的一次饥荒，对此他深感无力。作为志愿者，他看到了令人难以置信的不公正现象：他眼睁睁看着数以千计的农民为耕种粮食作物辛勤地劳动，但最终却因饥饿而死。这一刻，他意识到印度发展的不平衡。因此，邦克·罗伊决心反抗这样的不公，他放弃一切来到印度农村地区并致力于农村的发展。与此同时，印度政府借饥荒之机，大力在农村地区推行耕种成本昂贵的密集化农业政策。印度政府的这一政策受到美国的支持，并成为历史上有名的"绿色革命"。这一政策推动了化学制剂的使用、高收益种子的筛选和大规模灌溉的发展。

在接下来的五年中，作为印度前壁球冠军的邦克·罗伊成了拉贾斯坦邦偏远村镇的工人。他的日常工作是挖掘 30 米深的井以供村民们饮水。他曾坦言，他接受的真正教育是从这时候开始的："我发现，穷人们拥有书本和高等教育没有的能力与知识。"1972 年，邦克·罗伊同几位好友一起决定建立一个研究中心，用于搜集和传播农民们的经验和技艺，这个中心被命名为"社会工作与研究中心"。此后，该中心改名赤脚大学，并始终秉持着"农村问题由农村解决"这一理念。最初，该组织着眼于村民的饮用水问题，后来逐渐扩展到所有能够帮助村民摆脱外在条件束缚的领域。循序渐进地，中心首创了因地制宜的培训，培训内容主要为水泵的安装与维护、掌握医疗技术以在本地实施手术、安装太阳能照明装置以减少对燃料的依赖。这些培训的主要目的就是实现"独立"。

共享知识

作为甘地忠实的追随者，四十年来，邦克·罗伊和他的妻子积极投身到圣雄甘地的号召与战斗中，他的妻子曾获得拉蒙·麦格塞塞奖（Ramon Magsaysay Award，这一奖项被视作"亚洲的诺贝尔和平奖"）。跟随着甘地的领导，他们尝试消除印度种姓制度所带来的等级分化与歧视。效仿甘地的静修院 ①，赤脚大学的校园向所有人开放，不区分人们的出身、宗教和社会阶层。"不论你是谁，你随时都可以自由来去，甚至可以一生与我们为伴停留于此，这是一个凭借信任维系的组织。"赤脚大学始终坚信农村问题，比如获得饮用水、通电与医疗，它们的解决方案存在于农村本身，存在于村民们祖先流传下来的经验与技艺中，和对现代科技批判的学习中。对此，最好的例证便是村民们利用当地的建材构建起的占地7430 平方米的校园。再比如，将雨水搜集起来存放在蓄水池

---

① 印度静修院是供人静修或冥想的修道所，通常上师及其弟子们一同居住在这里。

这一简单办法也已被重新采用，而在这之前，人们通常丢弃了雨水资源而去抽取几近干涸的地下潜水层。此外，当地对现代科技的适当学习利用也满足了当地的能源需求，比如安装太阳能发电板并将其连接到电池柜这一措施。

"哪里写着因为你不识字、不会写字，你就不能成为建筑师、太阳能工程师、通讯员或是牙医呢？赤脚大学就是由 12 位不识字的建筑师设计建造的，每平方米的造价仅 1.5 美元，它却屹立至今。"这一段话足以揭示赤脚大学的哲学观：抛弃迷信专家的精英主义与金字塔式的等级制度，将经验与技艺面向所有人开放。邦克坦言："在这里，没有绝对的师傅与学徒，学生可以是老师，反之亦然。我们不颁发任何学位证，你的能力会随着时间在你帮助的人们身上展现出来。"

赤脚大学开展的夜校课程成为第一个大学校园外传播知识的渠道。在印度，60%～70%的孩子白天都不能去上学，因为白天他们需要帮助家里做一些基础的家务活，比如捡柴火、打水以及喂牲口。在印度最偏远的地区，一些家长仍然认为孩子们待在家里干活比去念小学更有用。但随着夜校的普及，孩子们完成家务活后就能够和同学们一起在太阳能电灯照亮的教室里进行学习。邦克提到，这些孩子中 80% 都是女孩，但对于他而言，"这是非常好的现象"。因为在印度社会中，女孩通常受到更多的歧视，受教育的机会也更少。赤脚大学没有根据国家课程的大纲排课，这里的课程更注重启迪村民们的民主和公民意识。从学生们的创意计划中获得灵感，赤脚大学的课程还特别重视知识和当地传统技艺的教育。大多数在赤脚大学任教的妇女以前都是这里的学生，长大后她们决定将她们的所学传播出去。自 1975 年夜校创办以来，7.5 万个印度孩子参与了夜校的学习。实践证明，这样的教学模式十分有效，于是世界各地争相效仿。这一模式已在全球 54 个国家被采用，其中包括西伯利亚地区。

村中老妪，未来的豪杰

来到印度这个村镇里的妇女主要都是老人，她们来自非洲、亚洲、拉丁美洲和太平洋的岛屿，尽管她们之间有着文化和语言障碍，赤脚大学却将她们聚集起来，并在 6 个月的时间里把她们培养成太阳能工程师。这本该只是一个美梦吧？但赤脚大学将其变成了现实。得益于太阳能工程师培训计划，赤脚大学为不识字的人们提供了 6 个月的学习机会，学习制作、组装和维修高精尖的太阳能装置。这场挑战始于 20 世纪 90 年代初。在这个时期，赤脚大学在印度的所有村庄遴选不识字的妇女和青年，给他们提供太阳能工程师培训的机会。在印度这个有着上千种方言的国度，赤脚大学培训项目的参与者们很快发现，语言并不会成为障碍。这些学生们会记住各种零件的形状和颜色，他们能成功模仿并重现讲授的步骤，而且在互相帮助下还能完成一些技术任务。教学中还有第二

300　个发现：培训中最优秀的成员是中年或者说相对成熟的女性。因为男性在习得技能后不会回到他们的村镇传播所学到的知识，他们会逃离农村奔向城市以实现他们所学知识的价值。此外，邦克·罗伊还强调："倘若你传授知识给一名男性，他习得之后并不会将其传授给女性，但你如果传授给一名女性，她会把她所学的知识传播给村镇里其他的许多女性。"鉴于此，赤脚大学决定单独招募某一年龄层的妇女，尤其是祖母级的妇女。妇女学员的遴选工作由村镇自己主持，赤脚大学委员会仅在遴选活动中出席。该委员会在全球巡回并告知村民这一项培训并非免费。村民可以自己决定每月在设备养护和维修上出多少钱，这是一个确保他们能够长期参与的有效方法。同时，村民们还需要选出两名积极且具有领导力的妇女前往梯罗尼亚村参与 6 个月的培训。赤脚大学的创始人对这些妇女给予高度的赞扬："她们初来印度时只是祖母，而她们回国之时是女中豪杰。她们深知自己是其国家仅有的数位太阳能工程师。归国后，人们会格外敬重她们。"最让人敬佩之处在于她们所具备的勇气，因为她们需要足够的勇气才能不顾丈夫的反对选择离开家庭和村庄，跋山涉水来到一个陌生的国度。这个培训项目开展二十年来无疑取得了很大的成功，作为国际最权威的组织之一的联合国妇女署成为该项目的主要赞助者之一，并将该项目视作范本。赤脚大学已经培养了来自全球 64 个国家的太阳能工程师，她们归国后协助全球 1160

个偏远的村镇实现了供电，让全球 45 万人能够用电照明。尤其在非洲地区，太阳能的使用每年能为这些村庄节省 50 万升煤油，这笔钱足以支付太阳能设备的养护费用。该项目引起了巨大的轰动，印度政府决定，每一个培训期赞助 10 万美元用于支付参与者的差旅费、培训费及耗材费用。①

---

① 进军海外，照亮更广阔的土地。赤脚大学下一阶段面临的挑战是如何在全球自主运营的分中心培训妇女。其目光的焦点聚集在非洲大陆，因为这里的村镇供电覆盖率依然很低。然而，非洲大陆距离印度 1 万多公里，这片大陆在经历了长达 10 年的民主战争后支离破碎。即使在这样的情形下，第一个分中心还是于 2011 年 9 月在非洲成立。该中心位于塞拉利昂共和国的一个偏远村镇孔塔利乐（Konta Line），在这里，10 位妇女承担着培训新学员的艰巨任务，她们需要教会这批 60 多岁的新学生安装太阳能设备。这些老师也曾是梯罗尼亚村的学生，她们运用所学到的知识去培训新的太阳能工程师，以保证 1500 个太阳能设备的安装和养护。

宾德沙瓦·帕塔克（Bindeshwar Pathak）
苏拉巴学院（Sulabha Academy）创始人
印度，新德里

印度，苏拉巴学院

马克

解放"秃鹫"的厕所

厕所是卫生发展史的一部分，也是卫生发展史和文明发展史的重要篇章。

——宾德沙瓦·帕塔克

同许多国家一样，在文明发展的伊始，印度人露天解决各自的生理需求。自遥远的年代至今，印度贱民们就承担着清理排泄物的工作，被称为"秃鹫"。

在印度的 12 亿人口中，8.14 亿人都没有使用过卫生设备，这导致了该国近 80% 的疾病。在发达国家的居住区，人类的排泄物被排放进入污水处理网络，最后通向污水净化站。由于经济和技术的原因，印度还未能广泛推行这一解决方案。

因此，在印度的 8000 座城市中，只有 1000 座城市拥有污水管道，160 座城市拥有污水处理厂。而这套系统的运用需要大量的水，对于水资源稀缺的印度来说，大部分人口还没解决饮用水问题。

对于发展中国家而言，化粪池也不是理想的解决方案，因为化粪池造价昂贵，需水量大且会带来卫生问题。

启迪者甘地

宾德沙瓦·帕塔克一生都致力于解决这一问题。他生于印度种姓制度的最高阶层婆罗门。他所见到的最初的厕所已成为他久远的记忆。那时的厕所设计在住所的旁边，他至今仍然记得那里散发出的令人作呕的气味。厕所由一位住在村外的贱民来打扫清理，另外有一家贱民就住在他所在的村子里。年轻的宾德沙瓦犯下了不可弥补的过错，他竟触碰了村里贱民的家人。为了净化他，祖母强迫他吃牛粪、饮牛尿。宾德沙瓦坦言："这件事过去了很久，但这并不是古老的历史。我相信在印度的某些地区，类似的事情仍在重演。"

甘地的理想是重新赋予印度的贱民们以尊严，因为他们也是印度社会不可分割的一部分。为了实现圣雄甘地的理想，宾德沙瓦花了三个月的时间融入贱民阶层的生活中，这期间，他目睹了一件事。在市场上，一头公牛攻击了一名男子，因为该名男子是俗称的"秃鹫"，人们都袖手旁观。年轻的宾

304　德沙瓦试着去赶跑公牛，最终却是徒劳。这名男子因为重伤，随后几分钟便去世了。而这场悲剧在宾德沙瓦的心里打上了永久的烙印。圣雄甘地曾揭露："一旦贱民们清理了人类的排泄物，便没有人会和他们一起用餐。"[1]解决这一困境的办法是技术，方便可行、符合文化传统的技术进步将会是促成社会改变的重要媒介。于是，宾德沙瓦于1970年创立了非政府组织"苏拉巴国际社会服务组织"。

节水但带来高收益的厕所

宾德沙瓦革新了两个概念，一个是私人厕所，另一个是公共厕所。私人厕所通过冲水水箱和堆肥系统进行运作，购买一个私人厕所价格低至30欧元。好几个私人厕所连通至两个化粪池，随着时间的推移，化粪池会被慢慢填满。当人们来清空化粪池的时候，粪便已转化为肥料，可以卖掉或用于农业生产。这种私人厕所每冲一次需要1.5~2升水，而以

---

[1] 是禁忌，却是解决问题的关键。"全球有26亿人日常的排泄物排放问题并未得到解决，这部分人口占到了全球总人口的38%。他们既没有厕所可以使用，也没有污水管道网络。这些人使用的茅坑不会定期进行排污清理，其排泄物会被排放到一个坑或者化粪池中。如果居住区连接了粪便污水直通下水道的排水系统，仅有10%的粪便会被回收，而剩下的90%则直接排入了河流，对水体生态，尤其是鱼类、植物以及人类的健康会造成毁灭性的损害。"玛吉·布莱克指出。参见 http://www.monde-diplomatique.fr/2010/01/BLACK18707。

往的传统厕所则需要 12~14 升水。建造这些厕所的原材料很普通，可就地取材。这些厕所不会对土壤和地表水造成污染，隔绝了蚊子和苍蝇等疾病传播媒介。厕所的养护方法简单且价格低廉，值得一提的是，这样一来就不需要"秃鹫"去清洗粪坑，而是由厕所的主人负责这项工作。同样，如果有污水管道系统，人们也可以将厕所与之连接起来。如今，已有120 万私人厕所进入了印度家庭。

宾德沙瓦的第二个创举是建立公共厕所系统。他将公共厕所的设计模型递交给印度政府，但由于他并非工程师出身，政府对他不信任。于是他向政府申请了 5 万卢比（600 欧元）的赞助金。随后，他遇到了拉姆沙瓦·纳特（Rameshwar Nath），这个人改变了宾德沙瓦所创立的组织的发展进程。他告诫宾德沙瓦："不要等待赞助金，要靠你自己的劳动去赚钱。"于是宾德沙瓦将其创造的商业模式应用于印度早期的公共厕所中：使用厕所需要支付几卢比的费用，这些经费用于厕所的维护和清洁。随后，政府将厕所用地划拨给苏拉巴国际社会服务组织使用，并支付了厕所的建造费用。

第一批厕所很快就运到了，此时政府想要测试宾德沙瓦的执行能力，要求这些厕所第二天投入使用。宾德沙瓦严格按照期限执行，但他担心是否有人会愿意为如厕付钱。几天之后，他的疑虑消除了。从投入使用以来，500 多人使用了位于巴特那（Patna）的厕所。人们很容易接受了"我使用，我付钱"的方式。随后，这一模式很快蔓延至整个比哈尔邦和印度全国。如今，每天有 1050 万印度人使用着 5400 万个苏拉巴私人厕所和 8000 座公共厕所。

苏拉巴公共厕所还能为人们提供照明、做饭的能源以及花园内的生物肥料。宾德沙瓦建立了一个连通公共厕所的粪便沼气站。运用厌氧消化法，粪便降解后产生沼气，沼气再转化为电能，供给发电厂、炉灶和灯泡。生物肥料同样也可以应用到农业耕作中，不会造成土壤和水污染。[①]

解放"秃鹫"的厕所

得益于这些技术的使用，印度 640 座城市已不再雇佣"秃鹫"进行粪便清理。但宾德沙瓦的理想并没有止步。把"秃鹫"们从他们的宿命中解放出来之后，宾德沙瓦还希望能通过教育恢复他们的尊严，让这些从前的掏粪工能重新审视自己，提高他们的社会地位。因此，苏拉巴国际社会服务组织

---

① 宾德沙瓦·帕塔克创造的这一技术载入了纳维德·拉德杰（Navid Radjou）编辑的词条"节俭的创新"中。宾德沙瓦的贡献被描述为"在重重限制和资源紧缺的时代，他具备了快速高效解决问题的强大能力"。他所创造的厕所简单、方便，就地取材建造并服务下层民众，其举动完美地展现了发展中国家不断创新的进取心。

于 1992 年创办了一所学校和一家培训中心，学校接收了 400
名学生，其中 60% 的学生来自贱民家庭，与此同时，学校还
免去了他们的学费和教材费。学校开办之后，这些孩子成为
"秃鹫"家庭中第一代能够上学的孩子。学校需要教他们最基
本的卫生规范、印地语和英语。二十年间，学校取得了很大
的发展，因为这里所有的毕业生都拥有了体面的工作。其中
有一些学生后来成为医生和工程师，这所学校也因此被印度
教育部认可。

对于能够在资金上实现自主运营，宾德沙瓦感到特别自
豪，他说道："时至今日能取得如此的成就，很大程度上是因
为我们没有要求一丝一毫的补贴。"基于"我使用，我付钱"
的原则，除了两座位于贫民窟的厕所以外，其余所有的公共
厕所在资金方面都能实现自给自足，能实现盈利的公厕对贫
民窟的厕所进行资金上的补助。因为宾德沙瓦的目的并非要
实现盈利的最大化，而是解决社会的关键问题，因此公厕收
取的资金不会再分配给股东。这些资金被用来投资修建新的
公厕和公厕的养护，同时还需要支付苏拉巴国际社会服务组
织 2.5 万名工作人员的工资，以及资助为"秃鹫"的孩子们

创办的学校和培训中心。①

宾德沙瓦·帕塔克之所以能够成功打破印度大众对掏粪工的心理禁忌，很大程度上是因为他所提出的经营模式的可行性。随后，许多印度私营企业也摆脱了心理障碍开始投资清洁排污领域。宾德沙瓦为社会对"秃鹫"的接受做出了巨大贡献，尽管想要提升他们的社会地位依然道阻且长。甘地曾经希望有一天印度能由女总统执政。宾德沙瓦说道："对于这一点，我无能为力，但苏拉巴国际社会服务组织已由一位女性来担任主席。"宾德沙瓦在他的领域里一直践行着甘地的使命。②

---

① 苏拉巴国际社会服务组织与联合国合作，已经培训了非洲14个国家的相关专业人员，这一行动有助于这些国家实现联合国在水和排污方面的千年发展目标。苏拉巴国际社会服务组织没有申请任何创新专利。联合国的目标是截至2015年，将1990年没有基础排污条件的地区减少一半，因此对于苏拉巴国际社会服务组织而言，其任务是相当重大的。而联合国儿童基金会曾坦言，该目标基本不可能实现。

② 位于新德里的苏拉巴国际社会服务组织还拥有世界上独一无二的厕所博物馆，该博物馆每年接待上百万的游客。厕所的一切都陈列得格外详尽（从便盆到水箱），从最早的竹编马桶到日本的"开放式"公厕，再到仿造路易十四的"御座"制作的马桶。这些展品有着娱乐性，也具有教育意义。

摩曼斯·莫森高（Mermans Mosengo）
音乐改变生命基金会（PFC）艺术家

马克·强森（Mark Johnson）
音乐改变生命基金会联合创始人

美国，洛杉矶

美国，音乐改变生命基金会

西尔万

将各民族的音乐汇聚起来！

如果想要了解一个民族，首先需要听它的音乐。

——柏拉图

致乐迷的忠告

在看似充满失望的年代里，民族主义不断倒退，此时"音乐改变生命"基金会的创举给这个时代注入了新的活力。其行动准则是什么呢？该基金会聚集起世界各地的街头艺人，把他们的声音与乐器演奏的音乐叠加在一些电子音乐作品里，并把成千上万的观众和数百万计的网民召集起来，目的是资助发展中国家为贫困的年轻人创办的音乐学校。

这只是一个善良的想法吗？在继续往下阅读之前，建议您浏览下 Youtube 的网页，去听听音乐改变生命基金会对《伴我同行》(*Stand by me*)[①]这首歌改编后的版本，这首歌原本是本杰明·厄尔·金（Ben E. King）享誉全球的流行歌曲。不同文化的融合自歌曲的第一个过门起便产生了神奇的效果。这首由不同民族的人们合作演奏出的歌曲就如同一场盛大的人道主义的演说，激起了人们内心的共鸣，其中甚至还包括那些极度以自我为中心的人，这首歌至少暂时能让他们摆脱个人主义的束缚。在这个玩世不恭的时代，在这个键盘侠也能成为思想家的时代，我们不禁想起法国《左派文艺杂志》(*Les InRocks*）的一段评论："看到有关音乐改变生命基金会的报道，一开始会认为它只是出于善良的意愿，不见得真能做出好的音乐：如果全球各个角落的孩子们吟唱同一首歌，小溪则会汇成大河……《天下一家》(*We are the World*)[②]这首歌我们从小听了太多遍，面对'音乐改变生命'基金会的歌，我们觉得可能就是《天下一家》的另一个翻版。但且听听看，

---

① http://www.youtube.com/watch?v=Us-TVg40ExM.

②《天下一家》是一首1985年时的慈善歌曲，由美国45位歌星组成的团体联合录制，旨在声援向非洲饥民捐款的大型慈善活动"美国援非"。

就听一次，听一次你的所有顾虑就会烟消云散。"①

各民族的音乐会

那时候，我在纽约的一间录音棚工作，经过地铁站的时候，时常能遇到两个全身涂白、身着长袍的僧侣。他们其中一位用我们谁也听不懂的语言吟唱，另一位则弹着吉他。那一刻，所有人都驻足停留，不久就能有200人聚集在那里看他们表演。我观察着在场的所有人：他们有的笑有的哭。而我感受到了一种力量，这真是一个难以置信的时刻。最终我坐了下来，我突然意识到我所听过的世间最美的音乐是在录音棚外听见的。那一瞬间，我做出了一个决定：我要组建起一个街头艺人录音棚并在世界各地巡演，我要将全世界的街头艺人聚集起来一齐演奏音乐，去重新获得这样的力量。

音乐改变生命基金会的创始人马克·强森是一位理想主义者，一个临时起意便使他踏上环游之旅。他游历了四十多个

---

① 尽管在未来世界创意计划（WiFU）项目中很难界定音乐改变生命基金会的性质，但它所采取的方案并不会在我们中间造成严重的分歧，反而很快就能达成一致。这个基金会一直以来行善积德，我们将其比作花洒下"四溅的水花"，你们很快就能明白个中缘由。

国家，四处寻找演奏家和音乐家。他最喜欢哪里呢？就是街头。他竭尽所能去寻找想要的声音。首先，在马克作为录音师的职业生涯开始的地方——洛杉矶的小巷子里面，他偶然遇到了拥有同奥蒂斯·雷丁（Otis Redding）一样音色的罗杰·雷德利（Roger Ridley）。随后，他遇到了艾略特爷爷（Grandpa Elliott）。艾略特爷爷是一位大胡子老先生，双眼失明，他见证并参与了 20 世纪 60 年代新奥尔良地区的蓝调运动。老先生随后成为马克·强森这个计划的灵魂人物。当然，我们还能列举出许多其他的音乐家和演奏家，比如意大利吉他手罗伯特·路缇（Roberto Luti）、以色列美女音乐家塔尔·本·亚利（Tal Ben Ari）。当时，这些天才音乐家们唯一的共同点是：靠音乐而活，为音乐而生。此后，他们的共同点越来越多。所有的音乐家集体出现在同一张海报上，这是他们一起出的第三张专辑，同时被认证为金唱片与白金唱片。所有人都能同荧幕上那些著名的音乐家一起歌唱，比如基思·理查兹（Keith Richards）、曼吕·乔（Manu Chao）以及史蒂芬·马利（Stephen Marley），还会和一些弹奏着奇怪乐器的印度音乐家、南非的合唱团和韩国的音乐家一起表演。他们加入了音乐改变生命基金会的乐队，并在五大洲举办音乐会。

当音乐响起

在基金会中的著名刚果法语歌手莫森高的陪同下，我们受邀来到了马克·强森位于洛杉矶的家中。马克·强森头戴鸭舌帽，身着印有 PFC 字母的连帽卫衣，屋内的装饰简单、多元，带有世界各地的风格。电吉他同金唱片、非洲面具和著名艺术家的照片（主要是 U2 摇滚乐队主唱保罗·大卫·休森 [Paul David Hewson] 的照片，马克在一次对他进行的一分钟采访里成功地说服他加入 PFC）摆放在一起。

采访即将开始，但我们没有预先准备好问题。今天，我们只需要收集马克的回答就好。因为这次是个特例，采用电视会议的方式进行采访，我们将任务交给了几位双语实习记者来完成。这些实习记者是巴黎巴蒂诺尔区圣米歇尔中学高二的学生，由他们的英语老师塞茜尔·吉罗（Cécile Giraud，马克的妹妹）进行指导，因为塞茜尔·吉罗希望为她的学生们组织一次新颖有趣的语言教学活动。这场不同寻常的采访在距我们 9000 多公里、跨越 9 个时区的巴黎 17 区开始，而此时，我们这里正是黎明时分。15 岁的阿吉尔开始提问："您听过的最美妙的乐器是哪一种呢？"马克用一幅图做了回答。他转过电脑后说道："葫芦是葫芦科的一种植物，是产于西非的蔬菜。你可以把它作为容器来盛放食物，也可以把它底朝天翻过来当鼓打，甚至还可以用它做科拉琴的主体结构。这种琴是马里的乐器，有 21 根弦。美国的蓝调音乐就是起源于那里。"

提问不断继续，我们听到了最感兴趣的部分。保尔提了

314 一个问题："音乐改变生命基金会是怎样诞生的呢？"马克回答道："当我开始环游世界发掘音乐家的时候，我第一次发现世界上有那么多的贫困人口。我至今还记得在南非的一个小镇[①]上一个小孩看我的眼神，他的眼神里除了暴力和毒品似乎空无一物。那时候你就会感到自己责任重大，然后对自己说：很多人会看我制作的视频，他们看着视频中的画面，会感到自己与周围世界的联系更加紧密。但这个计划真正的价值在于我们带给人们什么。因此，我和我的团队决定帮助这些参加录影的艺术家群体，询问他们需要什么。之后我们与他们一同思考，毕竟这是我们工作的核心，自然而然地，创办音乐学校的想法就萌芽了。"

推广平民教育的典范

2007 年，非营利组织音乐改变生命基金会成立，基金会的主要目标是"通过音乐启迪思想、促进沟通、为世界带来和平"。第一所音乐学校于 2009 年春在南非的古古雷图（Gugulethu）创办并向公众开放，古古雷图村镇位于南非开普敦的郊区。同许多种族隔离时期建起的村镇一样，古古雷图

---

① 这里的小镇指的是南非一些贫困、落后的街区或城区。这些地方是专门划拨给非白人居住的，因为南非实行种族隔离制度，他们通常被强制要求搬到这些区域。

村同样需要得到启迪。在充斥着毒品、犯罪、贫穷和疾病的环境中，音乐学校（起名为恩汤加［Ntonga］）的出现给青年人带来了前景和希望。除了修建学校，音乐改变生命基金会还拨款支付当地教师的工资，为学校配备乐器和必要的设施。

事实证明，这所学校是成功的典范。它让这里的学生们得以重新认识自己，同时给了他们发展自身兴趣爱好的机会。自那以后，另外 8 所学校相继创办，其中 3 所位于西非、4 所位于尼泊尔、1 所位于泰国。截至目前，全球已有超过 700 名学生进入音乐改变生命基金会创办的学校进行学习。基金会运行的开支全部由捐赠人的捐助维持，捐助有时候是资金，有时候则是实物。

从 2011 年开始，基金会每年举办全球的募资活动，这一天被称作"音乐改变生命日"。当天会通过电视转播该活动以募集资金，所获资金全部用作音乐学校的运营。2014 年，在"音乐改变生命日"这一天，全球 60 多个国家志愿举办了 438 场音乐活动，共募集了 11.5 万美元。世界各地的个人、企业和团体都参与到这场活动中，协助基金会募集资金。马克保证："这些捐助一定将会被用于发展基金会和帮助更多的孩子，让他们有机会接受音乐教育。"

316

乌克·旺戴特（Ouk Vandeth）
国际司法桥梁基金会（IBJ）律师
兼负责人
柬埔寨，金边

柬埔寨，国际司法桥梁基金会
马克

为了每一位高棉人——律师肩上的正义

通常，这些人都很无辜。倘若严刑拷打一个人，他一定会招供。

——夏林·比松（Charlène Buisson）
国际司法桥梁基金会项目负责人

联合国颁布的《世界人权宣言》第 5 条规定："任何人不得加以酷刑，或施以残忍的、不人道的或侮辱性的待遇或刑罚。"① 近 5 年来，国际特赦组织揭发了全球 141 个国家的酷刑

---

① 参见 http://www.un.org/fr/documents/udhr/。

案件，占到了全球案件的四分之三。

含冤入狱

　　33 岁的马卡拉（Makara）是船舶驾驶员，他有 3 个孩子。他刚从监狱释放出来，我们在国际司法桥梁基金会位于金边的分理处见到了他。一天，他从船舱走出去找老板讨要薪水，途中被警察逮捕带到了警局。因为有人指控他蓄意开动另一艘船，预谋杀害乘客。由于他没有足够的资金，在审判前没能联系到律师。在没有任何辩护的情况下，他就被关押入狱了。然而，他是无辜的。原来，为了避免向马卡拉支付工资，是他老板启动了他曾经驾驶过的船并做了虚假指控。值得庆幸的是，马卡拉最终遇到了国际司法桥梁基金会的律师，仅在高棉监狱中关押了 3 个月。他向我们坦言："关押期间最艰难的其实在于我没法把钱带回家，维持家里的生计，毕竟家里还有我的妻子和 3 个孩子。"而在高棉监狱里，还有上百个像马卡拉一样含冤的人被关押着。

"严刑拷打一个人，他一定会招供。"

　　在柬埔寨的警局和监狱里，严刑拷打依然是通行的做法。由于柬埔寨司法部门严重缺乏资金，严刑拷打能很快让人招供。在波尔布特（Pol Pot）执政期间，红色高棉的反对者们都被逮捕入狱或被铲除掉了，学者和法律人士首当其冲。政府的反对者不会受到任何司法保护，还会被判无期徒刑。随着 20 世纪 80 年代末波尔布特政府的倒台，司法体系完全崩溃。"波尔布特政府瓦解之后，整个柬埔寨只剩下 10 位法律从业者。"乌克·旺戴特说道，他如今是国际司法桥梁基金会金边分理处的律师和负责人。在严刑拷打盛行的年代，乌克·旺戴特是警察，他所见证的酷刑促使他后来成为律师，也让他成为国际司法桥梁基金会创始人谢凯伦（Karen Tse）的第一批拥护者。一直以来，他们为捍卫人权而奋斗着。

直到今天，柬埔寨的律师和法学家仍然紧缺。在全国的 24 个省中，只有 13 个省能提供法律援助服务。在没有法律援助的情况下，待审的公民需要在监狱中等待更长的时间，这加剧了他们受到严刑拷打和患病的风险。作为国际司法桥梁基金会的项目负责人，年轻的夏林·比松透露："通常，这些人都很无辜。倘若严刑拷打一个人，他一定会招供。"

服务所有人的律师

为了保障人权，被关押在警局或监狱的穷人在等待庭审的过程中，国际司法桥梁基金会为他们免费指派一位辩护律师。该基金会还提供 24 小时热线电话，以便这些被关押的穷人能在最短的时间内联系到法律工作者。基金会有 12 位律师，他们在柬埔寨的 19 个省奔波，为那些没有办法获得法律援助的被告进行辩护。

　　夏林指出："通常情况下，穷人根本不知道他们拥有聘请辩护律师的权利，他们也不知道严刑拷打是被禁止的。"国际司法桥梁基金会为城乡居民举办了一些宣讲或提升民众法律意识的活动，在活动中向他们介绍公民所拥有的权利，并倡导他们积极捍卫自身的权利。在社区、街道的宣传活动以及广播宣传中，基金会的科普会涉及平等公正的诉讼权、婚姻、家庭暴力、妇女权利、土地权、严刑拷打等主题。同时，该非政府组织还会为律师提供培训，以提升他们在法律援助中的业务能力。

　　柬埔寨法律规定，每一位被告均有请辩护律师进行辩护的权利，同样还明文规定禁止严刑拷打。国际特赦组织在提交给联合国的一份研究报告[①]中强调："柬埔寨目前的问题在于法律的践行，当局缺乏推行相关法律的意愿，同时当局也不愿意遵守所签署的国际公约的相关条文和精神。"[②]夏林明确表示支持这一看法，她提到："政府财政资金充裕，但在社会领域投入不足。与其将预算划拨给监狱，不如将其划拨给法

---

　　① 参见 http://www.amnesty.be/doc/s·informer/actualites·2/article/cambodge-la-torture-et-les-mauvais。

　　② 根据非政府组织"国际透明组织"（Transparency International）2013 年的年度报告，柬埔寨在世界最腐败国家的排名中排名 160/177。我们邀请律师和法学专家来解释这一现象。事实上，所有人都知道腐败现象是存在的，但没有人亲眼见过。而我们认可的唯一解释来自年轻的法国籍海外工作者夏林，她提到："在柬埔寨，一名警察每个月的收入仅 50 美元，在这样的情况下，如何避免腐败的发生？"

律援助部门。一方面更为公正，另一方面能直接减少监狱系统的运行成本，还能减少关押无辜百姓待审在监狱中的开销。可以肯定的是，当人们（尤其是一个家庭中的父亲）被关押时，便不能工作，也无法给家人带来收入，这会导致孩子们辍学，然后去找工作以维持生计。对于整个国家而言，由此产生的社会不良影响和经济上的损失将是非常巨大的。"

为了参与柬埔寨法律系统的重建工作和推进协商谈判，国际司法桥梁基金会组织了几次同政府官员、检察官、各地选派的代表、建议负责人、警察以及当地非政府组织的圆桌会议。夏林解释道："事实证明，把盎格鲁－撒克逊或是欧洲大陆的法律系统植入柬埔寨的法律系统是失败的。通过这几场圆桌会议，我们希望高棉人能自己肩负起重建法律系统的任务。"在基金会的帮助下，柬埔寨3500多名像马卡拉那样的无辜百姓得以洗清冤屈。但是，由非政府组织提供支持的法律援助服务，并非长久之计。鉴于此，基金会积极同柬埔寨政府交涉，努力尝试从国家层面建立法律援助体系。尽管2014年柬埔寨在法律援助方面的预算已达5.6万欧元，与2013年同期相比增长了50%，但从整个国内的法律援助需求来看，这笔预算还远远不够。

国际司法桥梁基金会也在中国、印度、新加坡、布隆迪、津巴布韦以及卢旺达从事相关工作，这也警醒我们：为了实现司法公正，我们任重道远。

健康

卡文达帕·文卡塔斯瓦米（Govindappa
Venkataswamy）
亚拉文眼科关爱中心（Aravind Eye
Care System，AECS）创始人
印度，朋迪榭里

印度，亚拉文眼科关爱中心
马克

当贫困人口的眼睛因为富人的帮助而得到医治

为什么如今麦当劳能够出售数十亿个汉堡，可口可乐能出售数十亿瓶汽水，而我们却不能够成功设立一个能帮助上百万人重见光明的营利机构呢？

——卡文达帕·文卡塔斯瓦米

几个月前，娜亚娜（Nayana）因为身体出现了各种问题，所以去了印度泰米尔纳德邦（Tamil Nadu）的一家全科医院就诊。这家医院的医生对她进行了初步诊断，并且告诉她应该去找专业的眼科医生做进一步的诊断。她几乎要放弃治疗了，因为她和她的丈夫都没有足够的经济能力支付高昂的医疗费用。直到有一天，她的家人把她带到了位于印度朋迪榭里（Ponticherry）的亚拉文眼科关爱中心。从那以后，她就在这个眼科中心进行免费的眼疾治疗。她的医疗费用由那些在该中心做治疗的经济条件较好的病人支付。

据统计，在全世界共有3700万名盲人，而其中有1200万名盲人都是印度人。大约有80%的白内障^①患者都无法接受正规的手术治疗，甚至没有途径获得适合自己的人工晶状体。印度有着庞大的人口数量、不完善的基础设施以及微薄的国民收入，这些因素都使得印度政府仅仅只能对7%的诊疗过程提供可靠的保障。

就是在这样的状况下，1976年卡文达帕·文卡塔斯瓦米开设了首家专业的眼科医疗机构。起初，这只是一家仅拥有11张病床的小型医疗机构。该医疗机构的运行方式非常简单，经济条件较好的病人会为那些经济状况较差的病人支付治疗所需费用。不论是什么样的病患，在这个医疗中心所接受的"护理和治疗措施"都是最适合他们的，不论他们的经济条件是贫穷还是富有。医疗中心的运营观念深受室利·奥

---

① 白内障是一种晶状体部分或者全部变混浊的眼科疾病。白内障患者眼中的混浊物位于眼球中的晶状体内部。该疾病患者的视力将会逐渐衰退，以至于无法清楚地分辨颜色，他们的眼睛也很怕光。白内障是由于晶状体的病变或老化而造成的。

324 罗宾多（Sri Aurobindo）思想的启发，他是印度著名的思想家、诗人和作家，曾经领导过北印度的英国殖民地地区的人民争取自治。

究竟应该如何实现这样"虔诚的心愿"呢？卡文达帕·文卡塔斯瓦米曾经面临许多难以克服的困难和挑战，各种各样或大或小的阻碍都曾出现在他的面前。究竟怎样才能做到让那些经济条件比较差的病人通过恰当的方式，得到那些善良的、富裕的好心人的帮助，从而让他们得到免费的治疗呢？怎样让这样善意的举措使那些生活在偏远的乡村地区、距离亚拉文眼科关爱中心较远的贫困人口受益？在重重阻碍之下，应该如何建造一个在经济方面能够正常运转的医疗中心，同时又能够不影响周边医疗机构的利益？

产业化组织

卡文达帕·文卡塔斯瓦米所迎接的第一个挑战就是减少白内障手术所需的费用。白内障手术需要去除已经病变的混浊的晶状体，然后为患者换上人造的晶状体，人造晶状体的造价非常高。其实，在亚拉文眼科关爱中心成立之初，只有欧洲和美洲的极少数跨国公司能够生产人工晶状体。这些公司所生产的人工晶状体的价格均高达 100 美元以上。因为价格太过昂贵，在印度只有极少数的白内障患者能够负担得起手术费用。大卫·格林（David Green）主要负责协调人工晶状体在印度的供货，他也是亚拉文眼科关爱中心的美国合作伙伴。他不愿意去祈求那些制药厂商在短时期内给予他优惠价格，或者是进行捐赠。于是，他决定在印度进行人工晶状体的大批量生产，同时又不侵犯现有的人工晶状体的专利权。一家名为"曙光实验室"（Aurolab）的公司在 1992 年成立了，它是亚拉文眼科关爱中心的独立机构，同时也是一个非营利性机构。该机构利用印度当地的廉价劳动力进行大规模的人工晶状体生产，从而节约了大量生产成本。如今，该公司生产的一对人工晶状体的造价只有 2 美元。因此，白内障手术的费用得到大幅缩减。时至今日，已经有来自 120 个国家的 1000 多万名白内障患者，通过曙光实验室生产的人工晶状体重见光明。该公司生产的晶状体的数量已经占到全球市场人工晶状体总数的 10% 之多。

为了进一步降低手术费用，亚拉文眼科关爱中心在很多家医院都推行了产业化组织形式。这一举措取得的成果十分显著。亚拉文眼科关爱中心的眼科医生平均每年会做 2000 台白内障手术，而其他亚洲国家的眼科医生每年进行的手术数量平均只有 500 台。更高效、更高质量的医疗护理，使得亚拉文眼科关爱中心有了更高的治疗效率。此外，英国的一家调查机构还证实，亚拉文眼科关爱中心所进行的白内障手术，术后并发症发生率甚至低于英国的医疗机构。①

消除"医疗荒漠区"

卡文达帕·文卡塔斯瓦米的第二个目标，是让农村人口能够享受到这项医疗卫生服务。在印度，一共有十几个"医疗荒漠区"，有的区域面积高达数百平方公里。眼科医生们组成小组，成立眼疾诊疗站。这些位于乡村地区的站点都是流动且免费的，由当地的志愿者团体统一负责运行，服从地方政府机构的管理。这些站点的主要作用是帮助亚拉文眼科关爱中心的医生们对病患进行初步诊断和治疗。这些站点把需要接受进一步手术治疗的病患们送往距离最近的医院进行治疗，治疗后还将他们免费送回家。这样一来，每天都有5~6个流动医疗站点在各个乡村之间巡回问诊。他们每天诊治大约1500名病患，并将300名左右的病患免费送往就近医院接受治疗。除此之外，在泰米尔纳德邦（Tamil Nadu）境内，还有41家小型医疗机构。这些机构与当地医院进行紧密的合作，病患们能够在他们的居住地附近接受眼

---

① 卡文达帕·文卡塔斯瓦米的三个堂弟在出生时就不幸去世，这使他坚定了想要对产科进行深入研究的决心。然而，他患有严重的相关疾病，这使得他不得不放弃产科领域的研究。尽管他的上肢已经严重变形，他还是投入对白内障的研究。他每天都会坚持接诊数十名白内障患者。

科医生的初步诊断和治疗，还能在那里配眼镜。这些小型眼科医疗机构能够使多达 260 万的人口获得便利，每年能够向约 80 万人次提供医疗咨询服务，使 91% 的眼疾问题在当地就能得到解决。[①] 这些机构从成立的第一年起就能够获得盈利，因为那些有支付能力的患者需要支付医疗服务费用（至少 30 美分）。此外，出售药物和眼镜的盈利，也是这些机构的主要收入来源。

根据世界卫生组织提供的数据，全世界每 1 分钟都会有 1 名儿童失明。在印度，有 3000 万少年儿童患有白内障。其中 80% 的患儿能够得到白内障手术治疗，或是得到一副适合自己的眼镜。在 2010 年，为了从源头上解决失明的问题，亚拉文眼科关爱中心同"拉韦尔"（Lavelle）非政府组织一起，在泰米尔纳德邦设立了完全免费的预防、治疗白内障的机构，这些机构能够为泰米尔纳德邦上百万名少年儿童进行免费诊断。这个项目取得了丰硕的成果。在 2013 年，有 100 多万名儿童进行了免费的眼科检查和治疗。

---

① 自 1976 年亚拉文眼科关爱中心成立之日起，该中心已经进行了超过 3500 万人次的诊断，并且进行了 450 万例眼科手术，其中有 50% 的手术都是免费的。

50% 的收费医疗服务，50% 的免费医疗服务
100% 的医院都能经济独立

亚拉文眼科关爱中心是一家盈利的医疗机构，不需要任何外界的资金支持和帮助。2012 年，该中心进行了超过 240 万人次的诊疗，其中有 35 万例手术。50% 的医疗服务是需要付费的，另外 50% 的医疗服务是完全免费的，或是得到印度政府的部分补贴。这样的运作机制，在印度国内甚至是全世界范围内都广受欢迎。1992 年，亚拉文眼科关爱中心创立了亚拉文白内障研究学院（Lion Aravind Institute of Community Ophthalmology，LAICO）。作为一个全球性的专业眼科医疗非政府组织，它主要在一些医疗机构和医院提供诊断服务并组织培训。亚洲、非洲以及拉丁美洲的 200 多家医院，都得到过该组织的援助和培训。根据一项研究显示，接受了该组织培训的医院，在两年间所进行的眼科手术数量都提高了一倍。诊疗效率的提高及患者的医疗需求的激增，使得这些医疗机构的盈利也明显增加。

卡文达帕·文卡塔斯瓦米所创立的这套医疗系统的运作模式，使得成千上万的盲人在经济独立的新型医疗机构得到高质量的诊疗和护理，重见光明。世界卫生组织委托亚拉文眼科关爱中心提供项目培训，并在世界范围内建立行之有效、可盈利的医疗卫生服务体系，以此来帮助世界各地的盲人重见光明。

泰蕾兹·克莱尔（Thérèse Clerc）
芭芭雅嘉公寓计划（la maison des
babayagas）创始人
法国，蒙特勒伊

法国，芭芭雅嘉公寓计划

西尔万

老年人宁静的力量

　　人慢慢老去，是一件好事；如果我们能在衰老的过程中
变得越来越好，那会是一件更令人快乐的事情。

——泰蕾兹·克莱尔

　　入住老年公寓，每年所需的总费用大约是 3.5 万欧元。[①]
开支主要用于医疗诊断、住宿、日常活动陪伴，以及其他的
社交活动开销。这些费用已经很难再压缩了。然而，法国国
家统计局（INSEE）的数据显示，在 2050 年，有将近 1/3 的
法国人会面临退休，他们的年龄都将超过 60 岁。这样的老龄

---

　　① 法国社会团结总局（DGCS）在 2012 年的研究数据，参见 http//
www.cnsa.fr/article.php3 ?id-article=1332。

330 化现象，在所有的欧洲国家中都是非常普遍的。因此，欧洲各国的养老费用支出在财政总支出当中都占据了较大比例，而且每个年龄层的人群分化也越来越明显。于是，现在法国社会所面临的新问题，就是如何将社会契约延续下去，同时又能够使老年人的生活得到保障。如今，在法国人处处节约过日子的时期，究竟应该实行怎样的举措，既有效率又不违背道德，来保障老年人晚年拥有体面的生活？这是 21 世纪初法国所面临的重大挑战之一。

出现新的机遇

老年人退休后的时间段延长，老年人受教育程度越来越高，这种情况给予我们一次新的机会，对共同责任进行重新定义。或许，面对这一巨大的挑战，真正的答案就在老年人自己身上？如果公民之间的互助和老年人的幸福快乐能够相辅相成，那么在这样的良性刺激下，老年人是不是能够获得更多的身心愉悦，从而减少对医疗的需求呢？如果真是这样的话，国家是不是能够从中节约开支呢？年过八旬的泰蕾兹·克莱尔女士坚信这样的想法是正确的，所以她想要在法国巴黎附近的蒙特勒伊（Montreuil）建立第一座自主管理的老年公寓。她所提出的口号其实也是在表达她自己的想法："安享晚年，安详离去。"这个项目的名字是什么呢？那就是"芭芭雅嘉公寓计划"。这个名字源自斯拉夫神话，是令人恐惧的女巫的名字。这个女巫生活在森林深处,以到访的游客和他们的孩子为食。现在,就让我们展开一场与"第三类人",确切地说是与老年人的邂逅吧!

"老年人并不是病人"

在 2012 年,正好年满 60 岁的尚塔尔(Chantal)在电视新闻上看到了关于"芭芭雅嘉公寓计划"的报道,她说:"我听到了'政策''老年人''妇女'等诸如此类的词汇。"这样的设想对于这位"年轻"的、一直想寻找类似的社团机构的老人来说非常具有吸引力。这篇报道讲述了一项关于"共同居住"的计划,该计划的目标是建造可供年迈的妇女居住、独立管理的老年公寓。该公寓位于巴黎郊区。尚塔尔正好符合入住公寓的条件:她是一名单身妇女,收入并不丰厚。从她自身的现实情况来看,芭芭雅嘉老年公寓成了她的最佳选择。2013 年 1 月,她决定入住这个老年公寓,住在这里的费用比起在其他地方租房,确实便宜很多。和其他住在芭芭雅嘉公寓里的老年人一样,尚塔尔愿意与其他老年妇女一起生活,同时需要遵守公寓建立之初确立的共同公约五项原则:公民身份、共同责任、非宗教性、自我管理、生态环保。

老年公寓位于巴黎附近的蒙特勒伊中心区域,离地铁站出口仅有几百米的距离。这是一座非常现代化、拥有可靠安全保障的公寓。在公寓内,两个小房间组成一个套间,每个套间每月的租金仅为 450 欧元。尚塔尔在她的明亮的小房间里接待了我们。这位 60 岁的老人向我们介绍她选择居住在这里的原因："在我看来，住在这里真的是太舒服了。"对她而言，这座老年公寓和其他传统的老年公寓相比，有很不一样的氛围，她解释道："有一些比较穷困的老年人，只能选择在条件很差的传统养老院，等待死亡到来。他们总是被忽视，甚至还可能受到虐待。"在芭芭雅嘉公寓里，每个老人都拥有一个面积大小适中的公寓（其面积为 25～44 平方米不等），这对于老年人来说真是再合适不过了。在公寓楼里，还设有方便老年人上下楼的电梯，在楼道和电梯间里，总能听到老人们的笑声，因为住在这座公寓里的老人们都互相认识，她们总会一起散步，一起分享美餐，一起品尝美酒。这里的老人们每天都在轻松愉悦的氛围下进行日常活动、完成分配的任务。尚塔尔说："如果大家一起动手，干杂活也变得不再无聊。"在这里，大家信任彼此，安全十分有保障。她又说道："在这里，房门可以完全敞开。如果在巴黎，我们是绝对不可能这样整天大开着门的。"

　　凑巧的是，我们采访的日子正好赶上芭芭雅嘉公寓里的老年人签订租赁契约的日子。这份房屋租赁合同使得芭芭雅嘉公寓计划走向正式化。在签订合同的现场，有香槟、小蛋糕以及浓厚的节庆氛围，这一切都让这间大厅看起来像是在举办一场表彰大会，就好像是要对那些表现良好的人进行表扬一样。芭芭雅嘉公寓计划的落实，的确是经历了极其漫长的过程。芭芭雅嘉公寓计划的创始人，为摆脱管理部门的限制，早在1997年就付出了巨大努力。当时管理部门并不认可她的计划。这个计划的创始人泰蕾兹·克莱尔女士是一名固执又坚韧的女性。她出生于1927年，1947年结婚，1968年5月离婚，这段时期正好是"五月风暴"时期，对于她而言则是"重生"的时期。她为争取个人自由而斗争，是一位真正的领袖人物。从60岁起，她学会了怎样发动大规模反抗活动，学会了如何在公众面前表达自己的思想。芭芭雅嘉公寓计划最终没有失败。

长达 15 年的坚持

"我当初之所以开始构思芭芭雅嘉公寓计划，是因为那时我曾把我的母亲接到我家来和我一起住，她患有呼吸疾病，瘫痪在床。那段时间，我需要工作，因为我是一名单身女性。我自己的4个孩子都处于婚姻的变故中，因此，我还需要额外照顾我的14个孙子和孙女。在这样艰难的处境下，我度过了5年异常艰辛的岁月。"泰蕾兹不希望自己的子孙后代有她这样的遭遇，所以她想要寻求一种实现个人独立的方式。在1995年，她构想出了这个计划的蓝图，15年后，这个计划终于得以落实。从大的方面看，芭芭雅嘉公寓计划是公民同所谓的"身体商品化"做斗争的方式，同时也是老年人获得"有力保障"的途径。那么她的依据是什么呢？她说："有一些利益团体，他们希望能够继续维持老年人的现状，希望能够继续保持老年人对他人的依附关系，因为他们认为，就算这些老年人很健康，他们做出的贡献也少得可怜。"

应对"白银经济"① 时期复杂的市场状况，我们从不缺少各式各样的借口：医疗药品的过度消费、补充医疗和福利措施的增加、越来越多的机器人服务、家庭自动化服务，以及体育锻炼器械和治疗手段的增加等。然而，一些住在芭芭雅嘉公寓里的领取最低养老保障金的贫困老年人（她们处于贫困线，贫困线以每月收入 964 欧元作为基准），他们并不是市场的优先目标客户。在这些老人的晚年生活中，社会为他们提供的服务或是保障并不能让泰蕾兹感到满意，她说："我们应当改变这些老年人在家庭中缺少自主权、社会中缺少自治权的状态。缺少自主权的状态是由传统养老院造成的，它会渐渐让我们的整个社会都忽视老年人的处境，实际上，年轻人能够从老年人身上学到很多东西。"

芭芭雅嘉公寓计划得到了老年女性的广泛支持，公寓建

---

① 白银经济（Sliver Economy）这个说法借用了美式英语的表达法，是指在 2013 年 4 月，也就是我们进行采访的一个月之前，法国前生产振兴部（ Ministre du Redressement Productif ）部长阿诺·蒙特布尔（Arnaud Montebourg）宣布发起的一个战略性行业。在这个行业"聚集了那些能够为老年人提供服务，或者是与老年人密切相关的公司"。

造耗资上百万，想要说服投资者非常困难。在巴黎周边房价极其昂贵的地方实施建造老年公寓项目，更是难上加难。2000 年初，由于缺少资金支持，泰蕾兹和另外两名项目的忠实支持者组成了一支小型宣传先锋队，目的是在社会上寻求更多人的支持。但这似乎远远不够，芭芭雅嘉公寓计划的创新性似乎让公众担忧，而且它在此行业各个机构之间的狭小利益链条当中也无法跻身。省社会卫生健康管理局（Direction départementale des affaires sanitaires et sociales，DDASS）甚至认为"芭芭雅嘉公寓计划"不符合政府部门出台的关于老年人的相关规定。低租金住房（HLM）管理办公室还指责该计划针对公寓入住者的性别和年龄进行限制的规定是带有一些歧视性质的，他们认为这并不符合法律规定。但是，作为一名女性主义者，泰蕾兹并没有放弃自己的计划，她说："女性的衰老过程会比男性的衰老来得更晚，她们总会比男性更加穷苦、更加孤独，更难轻松愉快地生活下去。"

不论人们对于这项老年公寓计划的看法是怎样的，2003 年夏天的酷暑天气还是突然到来了。在此期间，仅仅 15 天之内，就有 1.5 万名老年人失去了生命。于是，蒙特勒伊的市长兼议员让－皮埃尔·布拉尔（Jean-Pierre Brard）决定支持这项计划的实施，并为它在市中心圈定了 700 平方米的建设用地，但计划的合法性问题依旧存在。经过上百封信函的磋商，经过与国家住宅部部长的会谈，情况终于发生了重大转机。

336 司法各方对芭芭雅嘉公寓计划达成了共识。在蒙特勒伊新上任的市长多米尼克·沃内（Dominique Voynet）的大力支持下，当地低租金住房管理办公室的主要负责人在管理层面也对这项计划的落实提供了支持。虽然这样的老年公寓建设难度太大，但因为在该地区缺少这样广大民众真正需要的住房，所以低租金住房管理办公室才同意建造这所公众可共享的老年公寓。这样的老年公寓主要提供给那些行动不便、收入微薄的老年人使用。公寓由当地低租金住房管理办公室以及芭芭雅嘉公寓计划联合会共同负责管理。关于之前说到的所谓"歧视"问题，各方也达成了共识，公寓将迎来四位受过专业教育的年轻人。为了使该项目的投资者信服，投资协议也明确指出，如果出现项目运作失败的情况，那么芭芭雅嘉公寓将交由当地政府部门管理。因此，即便真的出现这样的情况，投资者也不会因此遭受损失。在这种情况下，各方最终一致赞成芭芭雅嘉公寓计划的实施。另外，银行也同意发放贷款。最终，这个项目成功筹集了各项预算所需费用，总计 400 万欧元。2013 年 10 月，人们又听到了令人欣喜的消息：又有新的芭芭雅嘉公寓破土动工了。

关注心灵的愉悦，身体的健康也会随之而来

"作为老年人，我们渴望得到与以往不同的照料，我们希望自己能够获得人文关怀，希望活得快乐，也希望能够学到

新的知识。因为人慢慢老去，是一件好事；如果我们能在衰老的过程中变得越来越好，那会是一件更令人快乐的事情。"泰蕾兹这样说道。说到老年人快乐的问题，可以说在芭芭雅嘉公寓中，工作人员在竭尽所能让这里的老年租客能够拥有快乐的生活。关于知识文化方面的问题，芭芭雅嘉公寓通过"联系生活"课程（Unis-sa-vie，专门帮助老年人学习知识的"老年大学"）帮助有意愿继续学习新知识的老年女性，启发她们的思考，引导她们表达自己的观点，向她们传授新的知识。在这所深受欢迎的老年大学里，人们会讨论各种与老年人息息相关的话题，包括"老年人如何获得快乐""如何保持身心愉悦"等。每个月的第二个星期五，这所老年大学会邀请外界人士（主要是知识分子或者是大学讲师），帮助她们就一个指定主题进行讨论，交换意见或进行辩论。在芭芭雅嘉公寓附近区域居住的居民，只要他们愿意到场，都能参与其中，"大家总是一边品尝美味的食物，一边进行讨论"。

这所老年大学和芭芭雅嘉公寓一样，都具有一定的政治意义。正如尚塔尔所说："我们老年人想要证明，我们能够在变老的过程中变得越来越好，并且能够在这里花费更少的开销。"尚塔尔和那些居住在这座老年公寓中的伙伴们一样，都相信住在这里能够让她们节约医药费的支出。要知道，医药费的庞大支出是造成法国国家社保连年赤字的重要原因。其实，她们还希望能够节约更多的支出，她们说："接下来，我们所面临的挑战是减少去看医生的路费支出。21 个人一起组团出去看医生节约下来的路费，能够算作节省了一大笔'社保'开销。"其实，这笔节约下来的资金，只是国家切实可见的、可以量化的一小部分资金。这笔资金可以划归到国家的社会投资回报（Social Return on Investment，SROI）[①]中。尚塔尔认为："直到现在，社会保障的评价标准都是与人们的健康状况和疾病状况紧密相连的，其评价指数从 1 到 5，有着不同标准。我们老年人希望，能够在评价标准当中纳入生活幸福程度、社会关系情况以及知识水平等要素。我们也希望，健康状况的评价体系能够考虑文化方面的情况，尤其是公民文化水平。"

芭芭雅嘉公寓计划对于蒙特勒伊地区以外的居民也非常有吸引力。以后，泰蕾兹·克莱尔会尝试在其他地区推广这个项目。其他地区也有一些组织和机构希望能够在当地落实这样的项目。除了蒙特勒伊的芭芭雅嘉公寓之外，巴黎南郊的巴涅（Bagneux，位于上塞纳省 [les Hauts-de-Seine]）、马西－帕莱索（Massy-Palaiseau，位于埃松省 [Essonne]）、圣

---

① 社会投资回报是一种分析工具，用来衡量社会投资对社会、环境以及经济的影响和价值。进行社会投资回报分析，是为了推进那些能够改善社会公平、消除社会不平等现象、防止环境恶化以及提高人民生活水平的活动。通过社会投资回报的计算，我们能够了解到社会投资的性价比以及这些投资的回报情况。

普列斯特（ Saint-Priest, 位于罗纳省 [le Rhône]）也建造了这样的老年公寓。除此之外，还有一些地区的老年公寓建造项目正在建设或研究当中。芭芭雅嘉公寓计划所推崇的理念还推广到了法国以外的国家和地区，尤其是加拿大和意大利两国。在 1980 年到 2010 年间，意大利的老年人总数已经翻了三番。

公民运动

西里尔·迪恩（Cyril Dion）
蜂鸟运动（Mouvement Colibris）联合
创始人之一
法国，巴黎

法国，蜂鸟运动
马克

更加注重合作而不是竞争

如果我们停留于现有的社会模式止步不前，那么我们将
会面临全球性的破产。

——皮埃尔·哈比（Pierre Rabhi）

蜂鸟运动发起人

你们知道关于蜂鸟的传奇故事吗？有一天，突然发生了
一场森林大火。所有的动物都非常害怕，它们都吓得原地不
动，无能为力地观望着这场灾难。只有蜂鸟能够采取行动积
极面对，四处寻找水源，用自己的嘴一滴一滴地把水输送到
火灾发生的地方。过了一会儿，犰狳被蜂鸟的这种徒劳的举
动激怒了，它冲蜂鸟大喊："你难道是疯了吗？你送来的这

几滴水怎么可能灭掉熊熊大火？"听了它的话，蜂鸟回答道："我知道我没办法扑灭大火，但是我只是想尽力做自己能做的事情。"这个寓言故事体现了皮埃尔·哈比[①]以及他发起的蜂鸟运动所秉持的观点和理念。

西里尔·迪恩是一名30多岁、留着小胡子、头发微微蓬松的男士。在法国巴黎（75省）第11区蜂鸟运动总部，他接待了我们。如同皮埃尔·哈比一样，西里尔·迪恩的人生经历也像是一场场冒险，他这样向我们讲述他的人生轨迹："一直以来，我都非常想去参与一些活动，这些活动能让我通过艺术形式表达自我，能让我感到快乐，我希望能够通过自己的努力而使一些事情发生改变。"在完成了戏剧艺术专业的学习之后，西里尔·迪恩出演了几部电视剧，还参演了几个不知名的广告。此外，他还参与了几部舞台剧的表演。但是很快他就意识到，这样的生活方式并不能让他全面地表达自我。于是，他参加了在瑞士举行的巴以和平国际会议和伊斯兰教—犹太

---

① 皮埃尔·哈比是一位农民哲学家，一位在全世界都享有盛誉的土地荒漠化治理专家，同时，也是法国生态农业领域的先锋人士。他擅长以富有诗意的语言、生动而又真实的事例，向我们解释不为人知的道理。他总是对人们在物质层面的无止境追求抱有疑问。他希望我们知道什么是"节制的幸福"。如果仅仅用这些文字来讲述这位农民、作家、哲学家以及演说家的故事，显然是远远不够的。要了解有关皮埃尔·哈比的信息，参见 http://www.colibris-lemouvement.org/colibris/pierre-rabhi/bibliographie。

教和平大会的协调工作。半年后，他感到非常失望，因为他发现这些大型会议都没能发挥太大作用。西里尔·迪恩无比遗憾地说："我那时相信这些宗教人士在精神生活领域都有着很大的影响力，在那段时间里，我还遇到了很多政治家。"

就在这时，有人建议西里尔·迪恩和皮埃尔·哈比一同合作，联合发起蜂鸟运动。在 2002 年法国总统大选期间的采访中，这两人有过一面之缘。"在竞选中，若斯潘（Jospin）、贝鲁（Bayrou）以及其他竞选者都发表了各种专家治国论的演讲。皮埃尔·哈比却在演讲中表达了他对于社会关系的看法，他认为，在我们的社会中，各个组成部分就像是一只手的手指那样紧密相联，虽然规模和功能各不相同，但是各部分都相互依存、不可或缺，共同组成了一个互补的整体……我像看外星人一样看着他。和很多人一样，我被他的人道主义精神感动了。"西里尔·迪恩完全赞同皮埃尔·哈比这位农民哲学家提出的理念和价值观（皮埃尔·哈比最终决定退出总统竞选），他决定接受这项挑战，与皮埃尔·哈比一起为蜂鸟运动四处奔走。蜂鸟运动创立于 2007 年，它的使命是"启发、团结、支持那些致力于构建新型社会模式的人们"。这项公民运动聚集了成千上万的市民参与其中，他们希望各个社会集体能够拥有更多的自主权，并且能够承担更多的社会责任。他们还认为应该对不同的社会集体进行平等公正的管理，而非金字塔等级式的不平等的管理。

344　这样，我们的社会就能够实现一种"节制的幸福"①。

为什么希望创造出一种新型的社会模式？

　　西里尔·迪恩用很简单的几句话进一步阐述了自己的观点，他首先解释道："我们认为，现有的社会模式已经不能再持续下去了，所以我们应当努力创造出一种新型的社会模式。"物质和经济的发展是永无止境的，我们在不断地生产和消费，以一种不可持续的方式消耗自然资源。同时，生态平衡被打破，气候异常，生物多样性和生态系统被破坏。此外，石油的储量在不断减少，这是各种经济活动赖以进行的重要自然资源。不得不说的是，在经济活动中，那些"无利可图的""不能带来收入的"要素总是会被忽略，而这些要素往往与人类的共同利益息息相关。西里尔·迪恩又说道："我们希望创造出一种新型的社会模式，它既能帮助我们解决现有的问题，又能让我们充分发扬人道主义精神，同时还能让我们与大自然以及其他要素产生了良性互动。"

---

　　① 皮埃尔·哈比《节制带来幸福》（*Vers la sobriété heureuse*）一书已出版中译本（唐蜜译，中国文联出版社，2019年）。作者在书中明确提出，只有控制我们的需求和欲望，选择能够带来真正自由的、有意识的节制模式，才能与全球化切断联系，才能将人类和自然重新置于生活的中心，使整个世界及人的生命变得轻盈而美妙。

蜂鸟运动想要创造出怎样的社会模式？

首先就是要由公民参与制定政策章程。在 2012 年法国总统大选前期，蜂鸟运动发起了一项名为"全民候选 2012"（Tous candidats en 2012）的活动，目的是激发公民参与政治的意识。西里尔·迪恩解释道："如果你们希望现行的政策能够发生改变，那么仅仅为左翼阵营或者右翼阵营投票是远远不够的，我们每个人都应当参与其中。"2.6 万多名蜂鸟运动的支持者响应了这一号召，大家纷纷参与到 27 场论坛、700场讲座当中，同时参与了 240 项具体的行动计划的制订。广大群众积极建言献策，13 名专家也提出了相关建议[1]，在此基础上，蜂鸟运动提出了具体的规划，主要包括以下五个重要方面：经济、农业、能源和生态环境、教育以及民主。这项规划面向各个社会群体。此外，每个方面都提出了针对欧盟、法国政府和地方政府可具体实施的方针政策，这些方针政策也为所有参与者提出了具体行动方案。西里尔·迪恩向我们展示了蜂鸟运动的主要纲领，以下是这些纲领的概述。

第一，经济方面。经济活动应当为广大公民的共同利益

---

[1] 阿斯特吕克·莱昂内尔（Astruc Lionel）：《改革（发展）——为了推出切实可行的政策》（［R］évolution-Pour une politique en actes），南方文献出版社（Actes Sud），2012 年。

服务。因此，创新型货币的发行是十分必要的。在当前的经济形势下，市面上流通的货币中约有 15% 是由欧洲中央银行发行的，其余的补充性货币是通过一些私有银行发行的债券来实现的。这些私有银行都希望通过投放债券的方式来获得最大限度的盈利，以赚取更多的收益。西里尔·迪恩开玩笑说："就像我给我的儿子解释的那样，人们在用钱去买钱。"于是，市场上流通的货币主要集中在那些最容易获得盈利的领域。但是这些货币真的太昂贵了，使得民众、企业、国家都处于负债状态。在当今的经济领域，我们发行的货币的作用已被遗忘，这也说明转变和过渡（生态农业、能源转化等）势在必行。在西里尔·迪恩看来，最重要的并不是脱离欧元区或者美元区，而是应该使货币具有多样性。他举瑞士发行的名为 Wir① 的补充性货币作为例子。Wir 这种补充性货币从 1934 年就开始发行，如今已经获得了 6 万家中小企业加盟。在美国进行的一项研究表明，瑞士稳定的经济局面有一部分原因要归功于 Wir 补充性货币的发行，这种补充性货币可以在金融危机出现时调节当地经济。西里尔·迪恩解释说："我们的

---

① Wir，德语 Wirtschafstring 的简写，意为"圈子"。Wir 货币是由瑞士的 Wir 银行发行的一种补充性货币，其目的是促进该货币的加盟成员之间的贸易活动。在这套互助信贷系统中，Wir 的债务可以用物物交换的方式由 Wir 网络中的其他成员偿还，也可以用瑞士法郎这样的国家货币偿付。

目的是实现货币的多样化，这样，在欧元区或者美元区出现经济危机的时候，就不至于使整体经济态势受到影响。我们希望，在经济领域，能够有一些区域享受充分自治。当经济危机出现时，这些区域的交易能继续进行，规避不良影响。"

蜂鸟运动的支持者认为，经济活动的重新选址是至关重要的一环。对此，西里尔·迪恩向我们展示了在美国进行的、由迈克尔·舒曼（Michael Shuman）和大卫·科尔登（David Korten）指导的研究。这项研究主要是针对近 10 年来与经济活动转移相关的 30000 名企业和 45 万个就业岗位进行的。研究结果展现了当地经济的倍增系数。如果在当地实行独立贸易采购，就能使当地的就业岗位数量翻 3 番，同时能够在当地聚集 3 倍的资金，还能够收缴 3 倍的税收。西里尔·迪恩强调说："经济活动的转移对所有的社会群体都有直接影响。因为这些创造出的新的就业岗位不会从当地消失，这能够使在当地生活的每个人都切实感受到自己所应该承担的责任。"如今经济活动的转移，或者说是经济活动的"背井离乡"，往往只能使极少数人受益。如果有一天，一家大型企业想要从一个地区撤出，整个地区都将变得荒凉起来。"或许，沃尔玛公司的老板并不会考虑某国公众的利益……他所追求的，仅仅是……能够让在当地设立的分公司创造更多的利润。"相反，那些能够考虑到当地居民需求的企业，就成为了当地经济发展的利益相关者。

第二，农业方面。农业方面的规划在蜂鸟运动提出的纲要中占据十分重要的位置。规划主要是依据皮埃尔·哈比以及"土地和人道主义协会"（Terre et Humanisme）针对农业生物学的相关研究成果制订的。也就是说，该规划的制订考虑到了农业生产中生态农业的相关问题（水源、土壤侵蚀、森林退化、生物多样性问题等）。推行生态农业的实践势在必行，联合国人权理事会粮食权特别报告员奥利维尔·德·舒特称："如果在一个地区推行有机农业，10 年时间内当地粮食产量会提高一倍，还能减少农村贫困现象。此外，在应对气候变化方面，生态农业也是一种合理解决措施。"蜂鸟运动也从"农地组织"（Collectif Solagro）的活动中汲取了灵感。这个组织由农学、能源、经济和生态等领域的专业工程师组成，已有30 年历史。该组织推出了"2050 年法国土地展望"（Afterres 2050）方案[①]，这项方案主要讨论 21 世纪上半叶法国的土地使用问题。该方案的提出产生了怎样的影响和结果呢？在该方案公布之后，出台了"传统农业与生态农业并行 50/50"（mix 50/50）方案，该方案主要涉及传统农业和生态农业领域，它的落实能够使整个法国都实现粮食的自给自足，还能为周边邻国供应粮食。此外，人们所能获得的粮食种类会更加丰富，

---

① "2050 年法国土地展望"方案，参见 http://www.solagro.org/site/446.html.afterres2050。

从事农业生产的地区面貌也会相应发生改变。农业活动以及粮食生产所带来的温室效应气体的排放总量，也将相应减少。

西里尔·迪恩援引了克里斯蒂安·扎克尤在他的作品《超级市场的内幕》中提出的观点。克里斯蒂安·扎克尤认为，在法国，有 90% 的食品都要经过 5 次集中采购，才能最终流动到消费者的手中，这使得超级市场这样的大型零售商对于产品的最终销售价格具有很大的影响力，他们拥有很大的权利为消费者以及生产者定价。[①] 为了摆脱这样的现状，有效地控制越来越大的销售规模，农业生产者实行了产业化种植。农业生产活动的转移，意味着我们能够通过更快捷的产品流通途径影响种植方式的调整，改变农民的盈利方式，改变他们在整个环节中能够发挥的作用。"农业生产活动是应该继续留在当地，还是应该迁移到别的地方，由谁决定呢？究竟是大型卖场还是当地居民有权利做出最终决定呢？"这就是我们目前需要思考的问题。最后，蜂鸟运动提出的农业计划的关键在于，种植我们食用的农作物，鼓励人们多消费有机食品、当地食品以及当季产品。

第三，能源和生态环境方面。关于这一主题，蜂鸟运动

---

① 克里斯蒂安·扎克尤（Chistian Jacquiau）：《超级市场的内幕》（les Coulisses de la Grande Distribution)，阿尔班·米歇尔出版社（Albin Michel)，2000 年。

所推出的方案主要来源于负瓦特（NégaWatt）[1]研究所。近10年来，这个研究机构所推出的方案使得法国的能源利用将在接下来的40年之内发生重大转变[2]，该方案已经经过了3次审查。研究所的负责人特里斯坦·萨洛蒙（Tristan Salomon）受邀加入了法国总统弗朗索瓦·奥朗德（François Hollande）政府首创的能源转型工作组。特里斯坦·萨洛蒙失望地发现法国工业和能源部在有关能源方面的政策仲裁中，依旧沿用陈旧的量化工具。研究所提出的关于能源转型的著名方案，涉及三个主要方面：能源的适度使用、能源的利用效率以及可再生能源。首先是能源的适度使用。我们应当弄清楚我们的首要需求究竟是什么，减少过度的需求，减少能源的不合理使用。接下来是提高能源的利用效率，也就是说利用更少的能源获得更高的产出。实现能源利用率的提高，主要需要借助新的技术手段的使用。最后一点是利用可再生能源，并且在未来，结合土地的特点实现混合农业以及生态产业的发展。根据研究所提出的方案，要推广一系列清洁可再生能源的使用。通过可再生能源的使用，实现能源结构的整体调整，从

---

① Watt指各种能源的集合，NégaWatt是用来量化少消耗的能源，也就是说通过改变工艺或生产方式而节约的能源。

② 参见 http://www.negawatt.org/telecargement/snw11//scenario–negawatt–2011_dossier–de–synthese.pdf。

而使人们逐渐（在 2030 年到 2035 年之间）放弃使用核能源，（在 2050 年前）减少对化石能源的依赖。这一方案得到了蜂鸟运动的强烈支持和赞同。最后，蜂鸟运动提出的计划指出，希望在未来能够实现能源自主生产，实现能源生产体系和能源分配体系的自我管理，从而赋予个人和各地方生产活动的参与者更多的自主权。

第四，教育方面。说起教育这一主题，西里尔·迪恩遗憾地说："我们的社会是建立在竞争以及对自然资源的掠夺之上的，它的主要原则是适应社会，而不是让个人在社会中得到充分发展。"在他看来，学校和家长应该从一个人的儿童时期开始，对其进行关于可持续发展的教育。他参考了哲学家、评论作者帕特里克·蔚五海的研究成果，后者认为在现行的比较激进的教育模式当中，人们缺少对大自然以及社会其他成员的怜悯心，这使得人们对自己所居住的地球造成了一系列的破坏。作家奥利维尔·莫勒（Olivier Maurel）也谈论了关于"普遍的激进教育"的问题，这对当下的儿童教育，最终对整个社会产生影响。

蜂鸟运动认为，在教育中，一个人的知识和动手能力以及为人之道应该处于同等重要的地位。有关自然知识、生命周期以及人类对大自然的依存关系方面的知识，应该是教育中的主线。西里尔·迪恩从芬兰推行的教育体系中获得了灵感。芬兰的教育进行了大胆尝试，使教育体系更加符合自然规律。

他们调整了儿童学习的节奏，使之更加适应儿童的接受能力以及生理特征。在保证同样预算的前提下，芬兰的教育体系划分为更多的年级。对于 13 岁以下儿童的评价体系不是通过分数来实现的，这是为了让孩子们在基础教育阶段不会产生巨大的压力以及挫败感。蜂鸟运动在法国的一些私立学校里也进行了同样的尝试，比如，蜂鸟在德龙省（la Drôme）阿马宁生态农业中心（Les Amanins）开设的学校，就借用了芬兰的教育理念。有人曾对西里尔·迪恩说："是的，这样是不错。但是大部分的孩子都没办法接受到这样的教育，因为私立学校的学费实在太过昂贵，只有那些来自'布波族'^①的家庭才能负担得起这样高昂的费用。"在西里尔·迪恩看来，这样的争辩是没有意义的。这些教育方面的大胆尝试，目前的确只在一些私立学校当中进行，而且这种新型教育的学费非常昂贵，但是，这样的尝试能够帮助我们在教育领域找到新的发展途径。在他看来，一些教育的先锋者在私立学校所进行的大胆创新尝试，能够帮助我们找到新的教育实验领域，并逐步应用于公立教育机构。这样就能推动整个社会的教育体系的深层次改革。

---

① 布波族是一个很出名的新词，有时亦被翻译为 bobo 族、bobos 族或布尔乔亚波希米亚族，它是 bourgeois bohemian（中产阶级式的波希米亚人）的缩写。

第五，参与式民主。西里尔·迪恩说："在传统的民主模式中，49%的公民并不愿意支持当选者的提案，因此在当选者要推行改革的时候，这些人总会想方设法地阻碍改革的实施。这会让公民感到沮丧甚至无力。"对此，蜂鸟运动主张建立一种在广泛协商基础之上的民主机制，摒弃"金字塔模式"。

真正的民主应当保证所有的政治决策都能够符合人民大众的共同利益，能够有益于生态平衡，能够得到民众的普遍支持。民主制度应该经过社会成员的广泛讨论后建立，就像蜂鸟运动所提出的各项提案的建立过程一样。西里尔·迪恩认为，应当通过随机抽签的方式，建立一个新的人民制宪议会，制定一部新的宪法。当选者的委任期限应当进行适当的延长，以便推行更加长远的计划。任期结束时，这些当选者应当向人民评审团汇报自己在任职期间的工作成果。此外，选举过程也应当进行改革，以保证权力不被一些善于玩弄权术的政客滥用。最后，当选者在任期中，应当注重加强与广大人民的合作，同时也应当同企业与协会进行广泛的合作。每位员工或协会成员都应该拥有权利，参与到那些与自身利益紧密相关的决策当中，甚至是参与到与行业发展方向相关

354　的政策制定工作当中。①

改善法 ②

虽然蜂鸟运动所提出的富有新意的主张，包含意识形态和社会结构方面的重大转变，西里尔·迪恩并没有完全抛弃现实主义思考。日语里"Kaizen"一词的意思是"良好的转变"或者"持续的改善"。根据改善法，为了实现深层次的变革，我们应当从现实出发、脚踏实地、一步一步地向前推进。如果我们希望一下子就完成所有的变革，会使我们自己感到担忧，改革就会止步不前。我们原本希望西里尔·迪恩能为我们传递出一些振奋人心的信息或者是政策方面的消息来作为最后的总结，但他却简洁明了地对我们说："我们的确

---

① 蜂鸟运动为了更好地对它发起的各项活动进行有效管理，采取了一种非常规化的管理模式。借助这样的模式，能够让参与活动的各方都有机会参与战略方向的决定。这一管理理念受到了"全民政治"（sociocratie）以及"智慧政治"（holacratie）观点的启发。这种新型的模式倡导的是一种"圈圈"式的运作方式（而非金字塔形）。在这一管理模式之下，所有的决议都是通过广泛的协商（零重大异议［zéro objection majeure］而最终制定的)，并且采取的是无候选人选举模式。这样的"非金字塔形"运作模式，能够消除在传统民主模式中滋生的所谓"权力游戏"现象。

② 改善法（Kaizen，日语意为"改善"）是起源于丰田公司在生产、机械和商务管理中持续改进的管理法。它已经在全球很多领域，如医疗、心理治疗、人寿、政府、银行和机构当中得到应用。

应该积极主动参与到这些活动当中，但更重要的是，在这个过程中收获快乐！那些幸福快乐的人，并不会想去破坏我们赖以生存的地球，也不愿意做出一些会对他人带来不良影响的举动。相反，如果人们感觉自己生活不幸，就会想要做一些别的事情来驱散心中的不快，比如在 H&M 的专卖店里买一件 T 恤、买一个苹果手机，或者是乘着飞机到遥远的地方去旅行等。我希望每个人都能够尝试着，每天都能在一种'节制的幸福'的状态中找到平衡和愉悦的感受。"西里尔·迪恩与梅拉妮·罗兰（Mélanie Laurent）① 合作进行了电影《明天》（*Demain*，2015）② 的摄制工作，塞格林·罗雅尔 ③ 选定这部影

---

① 梅拉妮·罗兰，法国女演员、导演、歌手和编剧，曾在昆丁·塔伦提诺所执导的电影《无耻混蛋》（*Inglourious Basterds*，2009）出演苏珊娜·德瑞芙斯一角，获得在线影评人协会（OFCS）和奥斯汀影评人协会（AFCA）最佳女主角奖。

② 电影《明天》是由西里尔·迪恩和梅拉妮·罗兰联合执导的纪录片，于 2015 年上映。这部影片广受欢迎，在法国的观影人次超过了 100 万。它还在 2016 年获得了恺撒奖的最佳纪录片奖。

③ 塞格林·罗雅尔（Ségolène Royal），法国政治家，法国社会党党员，法国前环境和能源部部长，普瓦图·夏朗德大区议会主席及德塞夫勒省国会议员。

片作为世界气候大会①的专题影片。这一届气候大会于2015年12月在巴黎举行。这部电影带领广大观众、各媒体机构以及各国领导人一起寻找能够解决全球所面临的严重环境问题的可持续解决方案。电影《明天》符合蜂鸟运动所提出和倡导的原则，它不仅得到了广大民众的关注，还通过众筹②的方式，筹集到了超过1万人的资金支持。

---

① 此处指第21届联合国气候变化大会，全称是"《联合国气候变化框架公约》第21次缔约方大会暨《京都议定书》第11次缔约方大会"。大会于2015年11月30日至12月11日在巴黎北郊的布尔歇展览中心（Le Bourget Exhibition center）举行。

② 群众募资又称群众集资、公众集资或群募，中国等国家和地区多简称其众筹、群众筹资，具体是指通过互联网展示、宣传计划内容、原生设计与创意作品，并向大众解释通过募集资金让此作品量产或实现的计划。

结论
马克

　　在洗完热水澡舒舒服服地上床睡觉之前，如果能够和亲朋好友们相聚在一起，分享旅行的见闻，品尝美味的家常菜肴，是一件多么幸福的事情啊！但是，当我们到达这次长途旅行的最后一站——印度的时候，这一想法突然发生了改变。回到欧洲之后，我们需要再次适应终日持续久坐的生活，这似乎比我们想象的困难许多。在这一年的旅行中，我们总能发现很多有趣的细节，看到许多奇特的现象，接触到不少我们从未见过的新鲜事物，体验到具有冲击力的场景，还有意想不到的惊喜。其中，法国埃松省的希利－马扎兰（Chilly-Mazarin）、下莱茵省的市镇比肖夫塞姆（Bischoffsheim）、安德尔省的沙托鲁（Châteauroux）的美景都给我们留下了十分深刻的印象。这一年，我们每天都会在路途中或是在他人的讲述中，了解到一个又一个有趣的人。在我们的旅途中，我们会将那些法国日常生活中遇到的烦心事通通抛在脑后。然而，我们所遇到的各种文化冲击，也给了我们一个重新审视祖国的新视角。圣·奥古斯丁曾经说过："世界就好比是一本书，那些没有去旅行的人，只能领略书中一页的内容。"然而，并不是每一个人都拥有背上背包去世界尽头旅行的机会。回过头来想想，我们意识到自己真的是非常幸运。我们获得了实现自己梦想的机会。

一年后，为了完成在线纪录片的制作和本书的撰写，我们得以回顾这场环球之旅。在这次旅途中，我们成功"破译"了用高棉语写成的菜单，对四个大洲出产的各种啤酒品牌了如指掌。然而，对于我们而言，这更是一次深刻的自我反省。从那以后，我们对于两件事无比确定：一是这场旅行中各种独特的经历和体验，使我们重新"格式化"了我们内心中的"硬盘"；二是了解了旅途中遇到的人们和他们所追求的事业之后，我们愿意加入他们，和他们一起付出努力。雷米决定去法国的东南部地区学习蔬菜种植技术，并且打算在接下来的时间里，开展他在生物领域的开发和实践。西尔万决定去英国继续学习英语，并且在那里开始他关于气候的研究和工作。至于我，我加入了一家名叫"团结的守门人"的创业公司——它是"达尔文生态系统"的一个组成部分。公司位于法国的波尔多市，是一家以从事社会性创新实践为发展战略的公司，在社会团结经济领域和"传统"的经济领域之间架起了一座沟通的桥梁。我们还相信，我们不会让自己的背包落满灰尘，接下来的旅行计划还在构思当中。

2015 年是至关重要的一年。巴黎举办了世界气候大会（COP21）。在大会中，196 个缔约方一致同意通过《巴黎协定》，该协定将为 2020 年后全球应对气候变化的行动做出安排，控制温室气体的排放，把全球平均气温较工业化前水平的升高量控制在 2℃ 以内。与此同时，各国也在共同努力制订 2015 年后的千年发展目标规划。这项长期的规划旨在改善人们的生活水平，为子孙后代保护我们赖以生存的地球。该规划在 2015 年 9 月的纽约峰会上由参会的各国领导人表决通过。在此，我们看到的是真正的希望，还是最后的救命稻草？

目前地球的环境状况上我们别无选择，不论这些国家是在法律上被强制遵守这些规定，还是被强制要求达到这些目标，公共以及私营部门、社会部门、学术部门、各媒体部门以及公民运动组织都应该团结协作，为共创更美好的未来而不懈努力。达尔文曾说过："能够存活下来的物种，并不是最强大的，也不是最聪明的，而是那些懂得使自身适应各种变化的物种。"在本书中，那些致力于推动变革的人都完美地证明了达尔文的这句话。我们很难为这些变革的推动者刻画出一幅共同的肖像，但是他们都有一个共同特点，那就是这些人都是讲究实用的梦想家。之所以说他们是梦想家，是因为他们推进的各项活动的目的以及他们对可持续发展的解决措施的探索，都是为了解决社会以及 / 或是环境问题，而并不是为了实现利益的最大化。他们也是实用主义者，因为他们清楚地知道，经济和金融的发展需求，是使他们所推行的各项活动持久运行的必要条件，更是解决各种社会问题的关键。亚拉文眼科关爱中心在成立之初，仅仅是一个有着 11 张病床的小型眼科医院。而现如今，它已经帮助了超过450万例的印度白内障病患重见光明，其中，很多人都是在年龄很小的时候就接受了白内障手术。近些年来，该眼科中心的社会影响力也在不断扩大。正如帕池·诺布利亚的情况，在他的埃里考投资公司建立之初，没有任何一家组织机构看好他，但是如今埃里考在巴斯克地区创造及保留了3600多个就业岗位。起初，有很多人都对此持有怀疑态度，后来他们被彻底说服，甚至对这个项目的成功实施充满了信心。这些项目在司法层面拥有怎样的身份已经不再重要了，真正重要的是它们的社会影响力。正如塞内加尔的企业家巴格雷·布蒂里所说的那样："如今，商业与公益事业的界限逐渐模糊，而在几年前，这是难以想象的事情。"的确，无论是公司、非政府组织、民间团体、基金会还是公民运动，它们所采取的解决措施，都是应对21世纪的社会挑战的关键要素。在我们不想走寻常路的时候，或是当我们最重要的目标不再是实现利益的最大化的时候，想要找到金融合作伙伴，并且在经济方面实现收支平衡可不是一件轻而易举的事情。有些项目已经实现收支平衡，其他的还在为此而努力奋斗着，其中大部分人为从事这一事业，践行自己的价值观，宁愿减少个人收入。

从这些实用主义的梦想家的身上，我们看到了将要到来的22世纪的人们的大致特点。他们所推崇的各种方案虽然仍待改进，但已经取得了一定的效果，并勾勒出了未来世界的美好蓝图。目前我们所面临的挑战是这些解决方案的大规模推广。让我们想象一个已经广泛使用这些解决方案的未来世界：

（1）生态农业能够帮助粮食产区在 10 年之内实现粮食产量翻倍，同时有助于解决农村贫困问题。此外，在应对气候变化方面，生态农业也是一种合理的解决措施，还能够改变大面积种植单一作物的情况，从而有助于减少农业活动对土地的破坏；

（2）解决城市和乡村人口营养问题的创新举措，比如借助昆虫和螺旋藻，将会有效满足人类对蛋白质摄入量的日益增长的需求；

（3）两大重要的农产品供应体系，一是公平贸易全球农产品供应链，二是本地农产品生产供应系统；

（4）城市以及城市住房，不仅满足人们的居住需求，还能够在能源和食品供应方面逐步实现自给自足；

（5）游客们将会为他们的旅行目的地的自然资源保护做出自己的一份贡献，同时帮助当地创造出更多的新增就业岗位；

（6）能源的获取途径将更加便捷，将会实现可再生能源的大规模普及，资源将依靠当地居民的自主管理；

（7）一些创新举措，比如"低科技"以及"自己动手做"，将取代"神圣"的高科技，从而节约自然资源，减少能源消耗，提高资源和能源的可获得性；

（8）金融业将会促进实体经济的发展，同时还将促进那些能够带来更大社会价值和环境价值的各项活动的发展；

（9）工业部门将会坚持"消费者对消费者"（C2C）的原则，将会把消费者产生的废弃物当作重要的原材料加以合理利用，这样就永远不会再产生真正意义上的废物；

（10）产品的所有权模式的转变为对产品使用权的共享模式，从而促进产品的流通；

（11）在国家的支持及社会各界的帮助下，人们将会更便捷地享有各项法律权利，拥有健康并且接受教育；

（12）政治方面的决策以及企业的各项决策，将由广大公民以及公司员工共同参与制定，并将会更加符合大众共同利益；

（13）公民们将会从无比强大的消费社会中解放出来，并且将找到一种"节制的幸福"的状态。

在生活中，有两类人：一类人，他们审视着我们世界的模样，并且思考它为什么是这样；还有一类人，他们会想象世界应该是什么样子，并思考为什么现在的世界不是这样？后者就是书中提到的先驱者们，正是他们的事迹构成了这本书的主线。让我们一起加入他们，壮大他们的队伍吧！

附录

秘鲁的 100 棵树：对社会的碳补偿
马克

午餐时间，普库洛科查（Puculloccocha）学校餐厅的工作人员会向每个学生发放一块面包、一碗牛奶，还有一些调味料。在那些儿童营养不良现象频发的地区，在校学生们的午餐是由秘鲁政府出资提供的，目的是为了帮助这些孩子补充营养。在餐桌上，没有水果，也没有蔬菜，但这些孩子从来不会抱怨。为了加热牛奶，学校餐厅的工作人员不得不到附近地区的森林里砍伐桉树。这正是我们想要在秘鲁的安达韦拉斯（Andahuaylas）这个农民社区实施碳补偿项目的原因。安达韦拉斯处于海拔 3000 米的高度，位于利马和库斯科（Cuzco）之间，它是骁勇善战的昌卡人（Chanka）的故乡，昌卡人曾经被印加人（Inca）视为死对头。在这个仅仅有 4.5 万居民的小城市里，25 年前诞生了一个名为"穆奈·瓦西"（MunayWasi）的协会。协会希望能够推行一个帮助农民获得营养和健康的项目，实施有关教育和未成年人保护的计划。在这里，雷米开展了对学校餐厅工作人员的培训，在他即将毕业的时候，他选择来这里实习，负责太阳能洗浴设备的推广工作。

　　长期以来，安达韦拉斯省都面临着森林退化的问题。在讨论森林退化的问题时，我们曾多次提到，很多农村家庭没有可供选择的其他燃料，为了生火做饭、供暖以及建造房屋，他们不得不大肆砍伐森林。这样的行为对环境、社会以及个人健康都会带来灾难性的后果：植被覆盖面积减少，土地以及空气的质量下降，水资源减少，生火做饭时由于木材燃烧而产生的有害气体引发各种疾病等。

　　与此同时，在这一地区，超过 30% 的儿童都处于营养不良的状态。这里人们的主食主要是马铃薯（在秘鲁，一共有4000 多个品种的马铃薯，而在法国一共只有 15 种左右）、玉米以及藜麦。很多居民从儿童时期就严重缺乏各种维生素，这对于秘鲁居民健康水平的提高和人口的增长都非常不利。然而，很多果树可以在这个地区生长，甚至是在那些海拔较高的区域，这是当地居民完全没有想到的事情。他们原本以为自己只能种植那些依靠化肥生长的马铃薯，加之种植果树所需要的高昂成本更高，使他们更加坚信这一点。再一次，我们看到农民们推行绿色革命、使用西方的"先进"农业技术，实行单一化种植，而摒弃了祖先的智慧——尤其是印加人，要知道在农业领域，他们所创造的文明被视作最富有智慧的文明之一。

　　实际上，我们在安达韦拉斯种植了 100 棵果树，这也是为了补偿我们在该地区进行各种活动所造成的碳排放，更是为了给秘鲁儿童带来维生素。我们一共花了三天的时间，和当地学校的孩子们一起种植苹果树、桃树和李子树。卡洛斯（Carlos）、丹妮拉（Daniela）、胡安（Juan）、安吉莉卡（Angelica）以及他们的小伙伴和我们三个外国人一起挖树坑、种树，然后慢慢浇水。当然，在种树的过程中，我们没有使用任何化学产品，而是优先使用有机技术，比如有机肥料。我们还在树周围的地上覆盖稻草编织成的网格帮助土壤通风和保暖。从此，这些果树就能够和当地的孩子们一起自然健康地成长了。每个孩子都给一棵树起了名字，如兰博、李小龙、成龙等。发展中国家的孩子与发达国家的孩子都看同样的影视作品，尽管秘鲁只有30%的农村家庭可以用电，看上电视。

这是我们此次行程中感触最多的活动之一，不是因为我们抵消掉了我们所排放的二氧化碳，相比于污染者自付原则，我们更加提倡有节制地使用能源，而是因为我们陪孩子们一起重回生机勃勃的大自然。恢复大自然生态，决定着孩子们未来的幸福生活。孩子们、老师们及各个家庭，通过植树活动更多地了解到了水果的营养价值、生态农业的发展模式以及滥砍滥伐所造成的后果。我们白色的皮肤让很多人误以为我们是智者或农业经济专家，但事实上，在这方面，村民们远比我们更加在行。三天的行程结束前，我们与学生们进行

366　　　了一场足球比赛，我们一跑便气喘吁吁，而学生们则显然更加适应这里的高海拔环境。随后我们同当地的妇女们一同跳起传统舞蹈，她们倒是十分想把我们这三个外国佬留在这个坐落在安第斯山脉的村庄中。

致谢

在此，我们谨向所有为 WiFU 项目及本书编写做出贡献的人表达由衷的谢意。

首先要感谢我们的团队成员克里斯蒂娜（Christine）、阿兰（Alain）、塞西尔·吉罗、莱亚·法卡雷罗（Lea Faccarello）、帕特里西亚（Patricia）以及马里恩·德拉韦尔涅（Marion Delavergne）一直以来的鼎力相助，感谢他们在视频的翻译和本书的互相校对过程中的付出。卡米耶·埃莱农（Camille Hélénon）负责初期视频剪辑工作，来自 FrapaDoc 影音制作公司的戈斯帕·德奥尔纳诺则负责视频剪辑以及网络纪录片后期制作，我们向以上两位致以深深的谢意。

菲利普·罗谢（Philippe Roche）对我们的作品进行了仔细审校，西多尼·阿特热（Sidonie Atgé）为我们提供了巨大的支持并对文中要点进行了重新阐释，卡拉哈·冯特·维尔德（Clara Font Verdes）、波丽娜·德普雷（Pauline Depres）以及奥丽安·佩尔蒂索（Auriane Pertuisot）出色地完成了翻译工作。我们在巴西进行采访期间，苏菲·杜本奈（Sophie Dubernet）一直陪伴在我们身边，安娜·罗杰（Anne Roger）为我们提供了通信媒体方面的支持，安娜-洛尔·皮埃洛（Anne-Laure Pierrelot）和迪伊（Dee）分别负责图片处理和为纪录片配乐。

我们向上述人员的付出表示感谢。

我们还要在此真诚地感谢搜考公司的皮埃尔·奥德里奥索拉（Pierre Odriozola）和约瑟夫·贝加拉（Joseph Bergara）、欧洲"青年行动"计划的吕希尔·若弗雷（Lucile Jauffret）、埃松省议会（Conseil Général de l'Essonne）的贾迈勒·阿迪拉（Djamel Adila）、施瓦文化传播公司（Shiva Communication）的尼古拉·西罗（Nicolas Sirot）、摩洛哥外贸保险公司（Coface Maroc）的让·马克·邦斯（Jean·Marc Pons）、纽曼特电子邮箱和在线文件服务公司（Newmanity）的卡利纳·奥利维尔（Carina Olivier）、法国有机巧克力制造商卡芙卡公司（Kaoka）的居伊·德贝特（Guy Deberdt）以及 46 位忠实可靠的众筹人员，本项目的成功离不开他们的共同努力。

感谢所有参与项目的实干家，他们对我们热情款待并提出了许多前景光明的计划，这有望促进社会向更好的方向发展和转变。

感谢埃帕斯卡尔·皮克、尼古拉·于洛为本书作序，感谢本书编辑人员。

最后，还有许多我们在上文未曾提到的人，在世界各地为本项目的完成贡献了自己的力量，我们同样向他们表示感谢。

绿色发展通识丛书 · 书目
GENERAL BOOKS OF GREEN DEVELOPMENT